TERMCAT, Centre de Terminologia

Diccionari de
QUÍMICA ANALÍTICA

Enciclopèdia Catalana
Barcelona, 2000

Disseny interior: CASS
Disseny de la coberta: Veus Públiques

Amb el suport de:
Generalitat de Catalunya
Departament d'Indústria, Comerç i Turisme

Primera edició: gener del 2000

ISBN: 84-412-0224-9
Dipòsit Legal: B. 2.615-2000

Impressió: Romanyà/Valls – Verdaguer, 1 – Capellades (Barcelona)

Pròleg

La preparació d'un diccionari de química analítica no és una tasca gens fàcil per dues raons associades a la mateixa naturalesa d'aquesta disciplina. D'una banda, hi ha la dificultat associada a la incorporació d'un nombre elevat de neologismes cientificotècnics derivats de l'aparició de noves metodologies, tecnologies i nous instruments de mesura en camps diversos de la física, l'electrònica, la química, la biologia i també de l'estadística i la matemàtica. D'altra banda, la química analítica té un altre vessant com a procediment més tradicional de treball al laboratori. Es tracta de realitzar les determinacions analítiques amb el mínim error possible, és a dir, amb la màxima cura, precisió i exactitud. Això ha comportat que molts dels procediments quimicoanalítics de treball al laboratori siguin el resultat d'una llarga tradició d'experimentalistes que es remunten fins a l'Edat Mitjana, amb els alquimistes i que foren continuades després pels científics i estudiosos de la matèria fins als nostres dies, en què s'ha progressat significativament a causa del fort desenvolupament tecnològic.

Aquestes activitats tradicionals, caracteritzades per la laboriositat i l'enginy que requereixen, han generat al llarg del temps una gran quantitat de lèxic associat a l'utillatge dels laboratoris i al seu ús. A aquest doble caràcter es donen els qualificatius de "ciència" i "art" que sovint són inclosos a les definicions de la química analítica. Aquests dos aspectes, diem, un d'incorporació continuada dels termes i conceptes nous, i l'altre de preservació dels mots corresponents a les activitats i els estris més tradicionals dels laboratoris, fan que l'elaboració d'un diccionari de química analítica hagi de cobrir un àmbit molt més ampli que els d'altres especialitats.

Com a conseqüència, ha calgut partir de diverses publicacions preexistents, de les quals se'n dóna ressenya acurada, però creiem que fins ara era impossible de trobar en una sola obra l'equilibri entre tots dos aspectes esmentats, tal com s'ha intentat fer en l'obra que es presenta aquí. En total han estat introduïts i definits aproximadament 1.900 termes, amb les corresponents traduccions en castellà i en anglès i la classificació temàtica que, en conjunt, i sense voler afirmar que sigui un recull exhaustiu, creiem que constitueix una bona mostra molt significativa de la terminologia emprada en la disciplina.

Volem també remarcar la voluntat que aquest diccionari ultrapassi l'àmbit estricte de la química analítica, i abraci també altres disciplines de la química i de moltes altres de les ciències experimentals, les quals utilitzen les eines i metodologies aquí descrites per a la resolució de problemes associats amb la mesura de materials, fenòmens o processos diversos. A més, també voldríem que la utilització d'aquest diccionari s'estengués tant a estudiants i professors universitaris, com a professionals i tècnics dels sectors industrials en què la química té un paper important. Finalment volem destacar també la labor acurada i encertada del TERMCAT en l'elaboració d'aquesta obra.

Enric Casassas i Romà Tauler

Sumari

Introducció

El *Diccionari de química analítica* que presentem forma part de la col·lecció *Diccionaris terminològics,* que el TERMCAT elabora en el marc de les seves actuacions terminològiques per donar resposta a les necessitats de comunicació que sorgeixen en els àmbits tècnics i científics. Aquesta obra, editada amb el suport del Departament d'Indústria, Comerç i Turisme té l'objectiu de facilitar la comunicació entre els especialistes de l'àrea, molts d'ells vinculats a la gran varietat d'empreses que conformen el sector de la indústria química al nostre país.

El diccionari conté 1.915 termes en català, acompanyats de la categoria gramatical corresponent, les equivalències en castellà i en anglès, i les definicions en català. Alguns articles contenen una nota amb informacions sobre la noció o l'ús de les formes lingüístiques, com en el cas de *pinça per a gresol* o de *paper de filtre.*

La selecció dels termes que s'hi tracten s'acorda amb l'estructuració nocional de la disciplina reflectida en l'arbre de camp i amb les normes de nomenclatura elaborades per la Unió Internacional de Química Pura i Aplicada (IUPAC), institució de caràcter internacional amb autoritat reconeguda per les diferents comunitats nacionals. El diccionari inclou les nocions generals de la química analítica, els reactius i els productes, les seves característiques i qualitats, els processos fisicoquímics, les tècniques i les metodologies analítiques i la instrumentació. També conté termes de l'utillatge químic i les unitats físiques i els símbols més usuals en química analítica, acordats internacionalment per la Comissió de Símbols, Terminologia i Unitats de la Divisió de Química Física de la IUPAC.

Els criteris

L'equip de terminòlegs i especialistes que ha elaborat el diccionari n'ha estudiat les formes neològiques que requerien la intervenció del Consell Supervisor, organisme que s'ocupa de la normalització de la terminologia catalana, constituït per membres designats per la Secció Filològica de l'Institut d'Estudis Catalans i per membres del TERMCAT.

Els principals criteris que s'han establert al llarg del procés d'estudi dels termes catalans són els següents:

- En les formes compostes prefixades amb formes cultes o a la manera culta, s'ha eliminat el guionet d'acord amb la grafia proposada pel diccionari normatiu (*quimioluminescència*). En els derivats per prefixació en què el prefix precedeix un hiat, s'ha establert el terme aglutinat i sense guionet, com ara *contraió* i *coió,* ara bé, s'ha aprovat l'ús del guionet en els casos de prefixació en què intervé un nom propi, com ara *fluorescència anti-Stokes*. Així mateix, s'ha ratificat l'adequació de marcar amb un guionet el vincle sintàctic que s'estableix entre els substantius coordinats, com ara *cromatografia líquid-sòlid* o *reacció d'oxidació-reducció*.

- En els emparellaments de noms propis que intervenen en la formació de termes compostos s'ha marcat el lligam sintàctic amb guionet o conjunció d'acord amb el que ha fixat la tradició escrita, així tenim *àcid de Brønsted i Lowry* i *equació de Henderson-Hasselbach*. Tot i així, cal remarcar que es constata una tendència general d'ús del guionet.

- S'han aprovat els termes *anòlit* i *catòlit* amb accentuació plana, atès que són mots creuats formats per truncació del terme *electròlit* (i dels termes *ànode* i *càtode* respectivament), que també presenta la tonicitat a la penúltima síl·laba. S'ha aprovat el terme *eluotròpic* i s'ha desestimat *elutròpic* perquè el sufix *-tròpic* s'adjunta a formants cultes, que habitualment acaben en *o* o en *i*, però mai en *u* vocàlica. I s'ha aprovat el terme *eluat* per paral·lelisme amb les altres llengües i amb els termes *adsorbat* i *absorbat*.

- S'ha aprovat el terme *pH-stat* amb guionet (pronunciat *pehàcstat*), que és format pel símbol *pH* i la forma sufixada àtona *-stat*, i està relacionat amb el terme *pH-metre* (pronunciat *pehàcmetre*).

La forma de consulta

Els articles es presenten ordenats alfabèticament a partir del terme català i precedits d'un número d'ordre correlatiu que permet d'accedir a les informacions de cada terme també a partir dels índexs d'equivalències, en castellà i en anglès, que completen el cos del diccionari.

La documentació que ha servit de base per a l'elaboració de l'obra apareix citada a la bibliografia, que es presenta dividida en tres apartats: obres especialitzades, utilitzades principalment com a font per a la selecció de les informacions, obres terminològiques i obres lexicogràfiques, necessàries per a la seva compleció i la seva revisió.

La presentació dels termes, tant al cos del diccionari com als índexs, segueix l'ordre seqüencial de les unitats que els componen. Així, hi trobem *assaig de dilució* i no *dilució, assaig de*. L'ordenació alfabètica segueix el sistema discontinu: els espais en blanc precedeixen els signes no alfabètics i els no alfabètics precedeixen els signes alfabètics.

ex. *corba d'elució*
corba de calibratge
corba dilatomètrica

Els termes que contenen una lletra que no pertany a l'alfabet llatí es presenten segons l'ordre alfabètic que correspondria a la transliteració d'aquesta lletra a l'alfabet llatí.

ex. *prova F*
prova χ^2
prova no paramètrica
prova Q

Les formes lingüístiques amb més d'un significat, com és el cas de *combustió*, es presenten en articles independents perquè es consideren unitats terminològiques diferenciades.

Els termes que s'han considerat sinònims absoluts, com *distribució de Gauss* i *distribució normal*, es relacionen amb l'indicatiu *sin.*, i la definició i les equivalències s'inclouen a l'article que apareix primer alfabèticament, *distribució de Gauss* en l'exemple esmentat.

En el cas de dues o més formes que designen una mateixa noció i que poden ser usades indistintament en un mateix context, se n'ha proposat una de preferent amb el propòsit que es tendeixi a usar-la gradualment com a forma única. El criteri de preferència s'ha basat en raons sociolingüístiques o d'eficàcia, tenint en compte essencialment la nomenclatura aprovada i recomanada per la IUPAC. Els sinònims que s'han considerat secundaris remeten amb l'abreviatura *veg.* al terme principal, que presenta totes les informacions. N'és un exemple *oscil·lometria*, que remet a *conductometria d'alta freqüència*. Únicament quan es tracta de les sigles i les abreviatures, les equivalències es mantenen a l'article corresponent. S'han inclòs en la categoria de sinònims complementaris les denominacions no recomanades o desaconsellades per la IUPAC, ja que encara no són en desús. Dins de cada article, les equivalències en cada llengua es presenten per ordre alfabètic.

Han intervingut en l'elaboració del diccionari, coordinat per Ester Franquesa, directora del TERMCAT, els terminòlegs Laia Baraldés, Jordi Bover i Gemma Mas, i els especialistes Enric Casassas, professor emèrit de química analítica de la Universitat de Barcelona i membre de la Secció de Ciències i Tecnologia de l'Institut d'Estudis Catalans, Romà Tauler, professor titular del Departament de química analítica de la Universitat de Barcelona, Salvador Alegret, catedràtic del Departament de química analítica de la Universitat Autònoma de Barcelona i membre de la Secció de Ciències i Tecnologia de l'Institut d'Estudis Catalans, i Elena Mallat, del Departament de química ambiental del CSIC de Barcelona.

Com tota obra d'aquestes característiques, que representa una realitat en contínua evolució, aquest diccionari resta obert als suggeriments i a les propostes que els usuaris ens vulguin fer arribar, amb la voluntat que pugui continuar essent una eina vàlida per a tots els professionals que se n'han de servir.

TERMCAT

Abreviacions

m	nom masculí
f	nom femení
m pl	nom masculí plural
f pl	nom femení plural
adj	adjectiu
v tr	verb transitiu
abrev.	abreviatura
sin.	sinònim absolut
sin. compl.	sinònim complementari
veg.	vegeu
es	castellà
en	anglès

Arbre de camp

Conceptes generals

Reactius

Productes

Característiques i qualitats

Processos fisicoquímics

Tècniques i metodologies analítiques

Instrumentació

- Utillatge químic

Mesuraments i magnituds

1 **AAS** *f*
veg. **espectrometria d'absorció atòmica**

es AAS
en AAS

2 **aberració òptica** *f*

es aberración óptica
en optical aberration

Error d'un sistema òptic en la reproducció d'una imatge d'un punt com a punt, d'una línia recta com a línia recta i d'un angle com a angle de la mateixa magnitud.

3 **absorbància** *f*
sin. compl. **densitat òptica**

es absorbancia, densidad óptica
en absorbance, optical density

Magnitud que caracteritza una substància pel que fa a l'absorció d'energia radiant, donada pel logaritme negatiu de la transmitància.

Nota: El terme *densitat òptica* no és recomanat per la IUPAC.

4 **absorbat** *m*

es absorbato
en absorbate

Substància que és absorbida per un absorbent.

5 **absorbent** *m*

es absorbente
en absorbent

Substància líquida o sòlida que és capaç d'absorbir.

6 **absorció** *f*

es absorción
en absorption

Penetració d'una substància, especialment gas o vapor, al si d'una altra a escala molecular, on es difon homogèniament.

7 **absorció** *f*

es absorción
en absorption

Pèrdua d'intensitat d'un feix de radiacions en travessar un medi absorbent.

8 **absorciòmetre** *m*

es absorciómetro
en absorptiometer

Instrument per a mesurar l'absorció de l'energia radiant a través d'una mostra en una banda espectral més o menys estreta, que s'utilitza sobretot en anàlisi quantitativa.

9 **absorciometria** *f*
sin. compl. **colorimetria**

es absorciometría, colorimetría
en absorptiometry, colorimetry

Mesurament de l'absorció de l'energia radiant per part de la matèria, especialment de les solucions.

10 **absortivitat** *f*
sin. compl. **coeficient d'absorció**

es absortividad, coeficiente de absorción
en absorption coefficient, absorptivity

Magnitud característica de l'absorció d'energia radiant d'un medi per a cada freqüència de la radiació que hi incideix, per unitat de camí òptic i de concentració.

Nota: El seu símbol és α.

11 **absortivitat molar** *f*
sin. compl. **coeficient d'absorció molar**

es absortividad molar, coeficiente de absorción molar
en molar absorption coefficient, molar absorptivity

Magnitud característica de l'eficàcia amb la qual les molècules absorbeixen la radiació, definida, segons la llei de Beer, com l'absorbància dividida pel camí òptic i la molaritat de la substància absorbent.

Nota: El seu símbol és ε.

12 **accelerador lineal** *m*

es acelerador lineal
en linear accelerator

Secció de l'espectròmetre de masses en la qual se separen ions per efecte de les diferents acceleracions que reben per acció de camps elèctrics.

13 **àcid** *m*

es ácido
en acid

Compost que conté hidrogen i es dissocia en aigua per a donar ions positius hidrogen.

14 **àcid aminopolicarboxílic** *m*

es ácido aminopolicarboxílico
en aminopolycarboxilic acid

Cadascun dels membres d'una família de reactius formadors de quelats mitjançant els seus grups amino- i carboxilat, que s'utilitzen per a la determinació de metalls.

Nota: Usat generalment en plural.

15 **àcid de Brønsted i Lowry** *m*

es ácido de Brønsted y Lowry
en Brønsted-Lowry acid

Substància donadora d'ions hidrogen o protons.

16 **àcid de Lewis** *m*

es ácido de Lewis
en Lewis acid

Substància que conté un o més grups atòmics capaços d'acceptar un parell d'electrons per a formar un enllaç covalent coordinat.

17 **àcid dipròtic** *m*

es ácido diprótico
en diprotic acid

Àcid que pot cedir dos protons.

18 **àcid etilendiaminotetracètic** *m*
sigla **EDTA**

es ácido etilendiaminotetracético
en ethylendiaminotetracetic acid

Àcid aminopolicarboxílic, de fórmula $(HO_2CCH_2)_2NCH_2CH_2N(CH_2CO_2H)_2$, que és el reactiu més utilitzat en les valoracions complexomètriques.

19 **àcid feble** *m*

es ácido débil
en weak acid

Àcid que es dissocia poc en aigua i que té una constant de dissociació petita.

20 **àcid fort** *m*

es ácido fuerte
en strong acid

Àcid que es dissocia totalment en aigua.

21 **àcid polipròtic** *m*

es ácido poliprótico
en poliprotic acid

Àcid que pot cedir més d'un protó.

22 **acidímetre** *m*

es acidímetro
en acidimeter

Tub de vidre graduat específicament per a cada àcid, que s'utilitza en la determinació de la seva concentració.

23 **acidimetria** *f*

es acidimetría
en acidimetry

Determinació volumètrica d'una substància bàsica per valoració amb un àcid.

24 **acidoalcalimetria** *f*

es acidoalcalimetría
en acidimetry and alkalimetry

Determinació d'una substància mitjançant una valoració amb una solució patró d'un àcid o d'una base.

25 **acreixement** *m*

es acrecentamiento, acrecimiento
en enhancement effect

Augment de la concentració aparent d'una mostra per l'acció d'interferències.

26 **activació** *f*

es activación
en activation

Procés d'inducció de radioactivitat mitjançant irradiació amb neutrons, amb partícules carregades o amb raigs gamma.

27 **activació per neutrons** *f*

es activación por neutrones
en neutron activation

Activació que es duu a terme amb un corrent de neutrons tèrmics, neutrons ràpids o neutrons de ressonància.

28 **activitat** *f*

es actividad
en activity

Valor que s'introdueix en l'expressió d'una llei termodinàmica ideal substituint el de la concentració per tal que aquesta llei sigui vàlida en condicions reals.

29 **activitat nuclear** *f*

es actividad, actividad nuclear
en activity, nuclear activity

Nombre de desintegracions que tenen lloc per unitat de temps en una quantitat donada de substància radioactiva.

Nota: Es mesura en becquerels.

30 **acumulador elèctric** *m*

es acumulador eléctrico
en electrical accumulator

Cel·la electroquímica que actua com a font de corrent continu fins que els materials s'exhaureixen i que pot ésser recarregada mitjançant un corrent procedent d'una font externa.

31 **adaptador** *m*

es adaptador
en adapter

Peça de forma tubular i generalment afuada que, aplicada a un aparell, un dispositiu, etc., permet d'acoblar-hi altres peces.

32 **adaptador de flux** *m*

es adaptador de flujo
en flow adapter

Dispositiu ajustable, semblant a un tap, que es col·loca a cada extrem del llit cromatogràfic per a minimitzar l'espai mort a través del qual el líquid surt de la columna cromatogràfica.

33 **additiu** *m*

es aditivo
en additive

Substància que s'afegeix durant el tractament químic d'una mostra per a diversos fins.

34 **adhesió** *f*

es adhesión
en adhesion

Unió de les superfícies de dues fases diferents, sòlida amb líquida o sòlida amb sòlida, produïda per l'acció de forces intermoleculars.

35 **admitància** *f*
sin. compl. **conductància aparent**

es admitancia, conductancia aparente
en admittance, apparent conductance

Magnitud que mesura la facilitat amb què un corrent elèctric altern circula per un circuit i que és la inversa de la impedància.

36 **adsorbat** *m*

es adsorbato
en adsorbate

Substància acumulada en la superfície d'un adsorbent mitjançant un procés d'adsorció.

37 **adsorbent** *m*

es adsorbente
en adsorbent

Substància a la superfície de la qual es produeix l'adsorció.

38 **adsorció** *f*

es adsorción
en adsorption

Adhesió dels àtoms o de les molècules d'un material damunt la superfície d'un altre, que produeix un augment de la concentració d'aquest a la interfície i que és deguda a les forces residuals físiques i químiques existents a les superfícies de sòlids i líquids.

39 **adsorció específica** *f*

es adsorción específica
en specific adsorption

Adsorció d'un constituent particular d'un sistema multicomponent.

40 **adsorció química** *f*
sin. compl. **quimioadsorció**

es adsorción química, quimioadsorción
en chemical adsorption, chemisorption

Adsorció en la qual les forces que hi intervenen són del mateix tipus que les que intervenen en una formació d'enllaços químics.

41 **AEM** *f*
veg. **microscòpia d'electrons Auger**

es AEM
en AEM

42 **aerosol** *m*

es aerosol
en aerosol

Suspensió col·loïdal de partícules líquides o sòlides en un gas.

43 **aerosol sec** *m*

es aerosol seco
en dry aerosol

Aerosol consistent en la suspensió a l'interior d'una flama de partícules sòlides o foses de l'analit sotmès a espectrometria d'emissió atòmica de flama.

44 **AES** *f*
veg. **espectrometria d'electrons Auger**

es AES
en AES

45 **AFS** *f*
veg. **espectrometria de fluorescència atòmica**

es AFS
en AFS

46 **agent alliberador** *m*
sin. compl. **alliberador**

es agente liberador, liberador
en releaser, releasing agent

Substància, utilitzada en espectroscòpia atòmica, que redueix les interferències de volatilització i forma preferentment un compost amb la substància interferent.

47 **agent de retenció** *m*

es agente de retención
en hold-back carrier

Reactiu que s'afegeix a una solució per a detenir l'acció d'un microcomponent.

48 **agent desemmascarant** *m*
sin. compl. **desemmascarant**

es agente desenmascarante, desenmascarante
en demasking agent

Reactiu que converteix composts emmascarats en formes reactives.

49 **agent dessecant** *m*
sin. compl. **dessecant**

es agente desecante, desecante
en desiccant, drying agent

Reactiu capaç d'absorbir l'aigua i el seu vapor.

50 **agent emmascarant** *m*
sin. compl. **emmascarant**

es agente enmascarante, enmascarante
en masking, masking agent

Reactiu que evita la interferència d'una o més substàncies estranyes en una determinació analítica transformant-les en complexos solubles o en altres formes no reactives o bé canviant-ne el grau d'oxidació.

51 **agent extractant** *m*
sin. compl. **extractant**

es agente extractante, extractante
en extracting agent

Reactiu que forma amb l'ió que es determina un complex o qualsevol altre producte capaç de travessar la interfície d'un sistema d'extracció.

52 **agent oxidant** *m*
sin. compl. **oxidant**

es agente oxidante, oxidante
en oxidant, oxidizing agent

Reactiu que accepta electrons d'un agent reductor oxidant-lo, i que es redueix en el procés de transferència d'electrons.

53 **agent precipitant** *m*
sin. compl. **precipitant**

es agente precipitante, precipitante
en precipitant, precipitating agent

Reactiu que, en afegir-se a una solució, produeix la formació d'un compost insoluble o precipitat.

54 **agent protector** *m*
sin. compl. **protector**

es agente protector, protector
en protective agent

Reactiu que, en espectroscòpia, es combina químicament amb l'analit o la substància interferent de tal manera que redueix les interferències no espectrals.

55 **agent quelant** *m*
sin. compl. **quelant**

es agente quelante, quelante
en chelating agent

Reactiu orgànic que forma quelats amb cations.

56 **agent reductor** *m*
sin. compl. **reductor**

es agente reductor, reductor
en reducing agent, reductant

Reactiu que cedeix electrons a un agent oxidant reduint-lo, i que s'oxida en el procés de transferència d'electrons.

57 **agitador** *m*
sin. compl. **remenador**

es agitador
en agitator

Instrument utilitzat per a agitar, mesclar, remenar, etc., solucions o suspensions.

58 **aglomeració** *f*

es aglomeración
en agglomeration

Formació i creixement d'agregats per reunió de partícules petites que produeix una separació de fases, sigui la precipitació d'un sòlid en el si d'una solució, sigui la sedimentació de partícules suspeses dins d'una fase gasosa.

59 **agregació** *f*

es agregación
en aggregation

Formació d'un agregat.

60 **agregat** *m*

es agregado
en aggregate

Grup de partícules mantingudes juntes aleatòriament.

61 **aigua bidestil·lada** *f*

es agua bidestilada
en redistilled water

Aigua que ha sofert dues destil·lacions a fi d'obtenir-la amb un grau de puresa superior al de l'aigua destil·lada ordinària.

62 **aigua de cristal·lització** *f*

es agua de cristalización
en water of crystallization

Aigua que ocupa espais de la xarxa cristal·lina d'un compost i que es pot eliminar totalment o parcial sense provocar-ne la descomposició.

63 **aigua desionitzada** *f*
sin. compl. **aigua desmineralitzada**

es agua desionizada,
agua desmineralizada
en deionized water,
demineralized water

Aigua de la qual s'han eliminat les impureses iòniques fent-la passar per columnes bescanviadores de cations i d'anions.

64 **aigua desmineralitzada** *f*
veg. **aigua desionitzada**

65 **aigua destil·lada** *f*

es agua destilada
en distilled water

Aigua que ha estat purificada per destil·lació.

66 **aigua higroscòpica** *f*

es agua higroscópica
en hygroscopic water

Aigua adsorbida per un sòlid a causa de la seva higroscopicitat.

67 **alambí** *m*

es alambique
en still

Aparell de destil·lar, generalment de metall, que consisteix en una caldera amb una tapadora semiesfèrica d'on arrenca un tub que condueix els productes de la destil·lació a un refrigerant.

68 **alcalimetria** *f*

es alcalimetría
en alkalimetry

Mesurament de la quantitat d'àlcali lliure present en una mescla.

69 **alcoholímetre** *m*

es alcoholímetro
en alcoholimeter

Instrument per a determinar la quantitat d'alcohol que conté un líquid alcohòlic.

70 **alcoholimetria** *f*

es alcoholimetría
en alcoholometry

Determinació del contingut d'alcohol etílic en solucions d'aigua i etanol mitjançant un alcoholímetre.

71 **alíquota** *f*
veg. **part alíquota**

72 **alliberador** *m*
veg. **agent alliberador**

73 **altura de l'esglaó** *f*

es altura del escalón
en step height

Diferència entre les altures de les línies de base abans i després d'un pic en cromatografia integral.

74 **altura de plat reduïda** *f*

es altura de plato reducida
en reduced plate height

Quocient entre l'alçada equivalent a un plat teòric i el diàmetre de partícula d'una fase estacionària.

75 **altura del pic** *f*

es altura del pico
en peak height

Distància entre el màxim d'un pic i la línia de base, mesurada en direcció paral·lela a l'eix que representa la resposta d'un detector.

76 **altura equivalent a un plat teòric** *f*
sigla **HEPT**

es altura equivalente de un plato teórico
en height equivalent to a theoretical plate

Quocient entre la longitud d'una columna cromatogràfica i el nombre de plats teòrics.

Nota: El seu símbol és *h*.

77 **altura equivalent a un plat teòric efectiu** *f*
sigla **HEEPT**

es altura equivalente de un plato teórico efectivo
en height equivalent to an effective theoretical plate.

Quocient entre la longitud d'una columna cromatogràfica i el nombre efectiu de plats teòrics.

Nota: El seu símbol és *H*.

78 **amalgama** *f*

es amalgama
en amalgam

Aliatge de mercuri amb un altre metall o metalls, sòlids o líquids.

79 **amfipròtic -a** *adj*

es anfiprótico
en amphiprotic

Dit de l'espècie química que pot actuar com a donadora i acceptora de protons.

80 **amfòlit** *m*

es anfolito
en ampholyte

Electròlit que pot actuar indistintament com a àcid o com a base segons el pH d'un medi.

81 **amfòter -a** *adj*

es anfótero
en amphoteric

Dit de l'espècie química que es pot comportar com a àcid i com a base.

82 **amortidor** *m*
sin. **solució amortidora**

es solución reguladora, solución tampón, tampón
en buffer, buffer solution

Solució aquosa d'una composició que és adequada per a evitar que s'hi produeixin canvis apreciables d'una de les seves propietats en afegir-hi quantitats moderades d'un reactiu que normalment els produiria.

83 **amortidor d'ió metàl·lic** *m*

es tampón de ión metálico
en metal ion buffer

Amortidor que consisteix en un complex metall-lligand i un excés de lligand lliure.

84 **amortidor d'ionització** *m*

es tampón de ionización
en ionization buffer

Amortidor que, en espectroscòpia atòmica, s'afegeix a la solució que s'analitza per a incrementar la concentració d'electrons lliures en els gasos de la flama per tal de limitar i estabilitzar el grau d'ionització i fer els mesuraments menys sensibles a les substàncies interferents.

85 **amortidor de pH** *m*

es tampón de pH
en pH buffer

Solució en la qual es poden afegir quantitats moderades d'un àcid fort o d'una base forta sense que es produeixi un canvi apreciable del pH d'una solució.

86 **amortidor de referència** *m*

es tampón de referencia
en standard buffer

Solució amortidora a la qual se li ha assignat un pH per a cada temperatura.

87 **amortidor espectroquímic** *m*

es tampón espectroquímico
en spectrochemical buffer

Substància que, en espectrometria d'emissió atòmica de flama, s'afegeix a una mostra amb l'objectiu de fer que el mesurament d'un element analític sigui menys sensible als canvis de concentració d'una substància interferent.

88 **amperímetre** *m*

es amperímetro
en ammeter

Galvanòmetre que s'utilitza per a mesurar la intensitat d'un corrent elèctric.

89 **amperometria** *f*
sin. compl. **amperometria amb un elèctrode indicador**

es amperometría, amperometría con un electrodo indicador
en amperometry, amperometry with one indicator electrode

Tècnica analítica, derivada de la polarografia, consistent, principalment, a aprofitar la variació del corrent límit de difusió per a determinar el punt final de les anàlisis titulomètriques.

90 **amperometria amb dos elèctrodes indicadors** *f*
sin. compl. **biamperometria**

es amperometría con dos electrodos indicadores, biamperometría
en amperometry with two indicator electrodes, biamperometry

Tècnica analítica basada en l'observació dels canvis de corrent elèctric que circula entre dos elèctrodes indicadors similars, submergits en la solució de l'analit que es valora, als quals s'aplica una diferència de potencial petita i constant.

Nota: El terme *biamperometria* no és recomanat per la IUPAC.

91 **amperometria amb fil de platí rotatori** *f*

es amperiometría con hilo de platino rotatorio
en rotating-platinum-wire electrode amperometry

Amperometria en què s'utilitza un fil de platí rotatori com a elèctrode indicador.

92 **amperometria amb fons de mercuri agitat** *f*

es amperometría con fondo de mercurio agitado
en stirred-mercury-pool amperometry

Amperometria en què s'utilitza un fons de mercuri agitat com a elèctrode indicador.

93 **amperometria amb un elèctrode indicador** *f*
veg. **amperometria**

94 **amperometria diferencial** *f*

es amperometría diferencial
en differential amperometry

Amperometria consistent a mesurar la diferència de corrents que circulen entre dos indicadors en dues solucions connectades per un pont salí com a funció de la concentració d'una substància electroactiva.

95 **amplada a la meitat d'intensitat** *f*

es anchura a la mitad de la intensidad
en half-intensity width

Amplada de la ratlla espectral o de la banda espectral a la meitat de la seva alçada màxima.

Nota: El seu símbol és $W_{1/2}$.

96 **amplada de banda** *f*

es anchura de banda
en band width

Amplada corresponent a la base d'una banda espectral o a la meitat de la seva alçada màxima.

97 **amplada de la ratlla** *f*

es anchura de la línea
en line width

Amplada corresponent a la base de la ratlla espectral o a la meitat de la seva alçada màxima.

98 **amplada del pic** *f*

es anchura del pico
en peak width

Amplada corresponent a la base d'un pic.

Nota: El seu símbol és W_b.

99 **amplada del pic a la semialtura** *f*

es anchura del pico a la mitad de la altura
en peak width at half-height

Amplada corresponent a la meitat de l'alçada d'un pic.

Nota: El seu símbol és $W_{1/2}$.

100 **amplada pròpia de la ratlla** *f*

es anchura propia de la línea
en true half-width

Amplada de la ratlla espectral que resulta de les propietats físiques dels sistemes que emeten o absorbeixen radiació, però que és exempta de la influència de factors instrumentals.

101 **anàlisi absorciomètrica** *f*
sin. compl. **anàlisi colorimètrica**

es análisis absorciométrico, análisis colorimétrico
en absorptiometric analysis, colorimetric analysis

Conjunt de tècniques i procediments d'anàlisi quantitativa en què s'utilitzen mesuraments absorciomètrics per a determinar la concentració de l'analit.

Nota: *Anàlisi colorimètrica* és una designació obsoleta i no és recomanat per la IUPAC.

102 **anàlisi calorimètrica diferencial** *f*

es análisis calorimétrico diferencial
en differential scanning calorimetry

Tècnica analítica consistent a mesurar l'energia necessària per a mantenir una diferència de temperatura nul·la entre una mostra reactiva i un material inert de referència, quan ambdós són sotmesos a un mateix programa de variació de temperatura a una velocitat controlada.

103 **anàlisi colorimètrica** *f*
veg. **anàlisi absorciomètrica**

104 **anàlisi colorimètrica** *f*
sin. compl. **colorimetria**

es análisis colorimétrico, colorimetría
en colorimetric analysis, colorimetry

Tècnica analítica consistent a mesurar els colors i l'expressió quantitativa de les seves característiques.

105 **anàlisi conductomètrica** *f*

es análisis conductométrico
en conductometric analysis

Conjunt de procediments d'anàlisi quantitativa en què s'utilitzen mesuraments conductomètrics per a determinar la concentració de l'analit.

106 **anàlisi cromatogràfica** *f*

es análisis cromatográfico
en chromatographic analysis

Anàlisi qualitativa o quantitativa que es duu a terme mitjançant una cromatografia.

107 **anàlisi d'ultratraces** *f*

es análisis de ultratrazas
en ultra-trace analysis

Anàlisi de traces en què les mostres tenen un pes igual o menor a 10^{-4}g i el contingut del constituent és igual o menor a 100 ppm.

108 **anàlisi de fluorescència de raigs X** *f*
sigla **XRFA**

es análisis de fluorescencia de rayos X
en X-ray fluorescence analysis

Anàlisi qualitativa i quantitativa no destructiva basada en l'espectrometria de fluorescència de raigs X.

109 **anàlisi de Fourier** *f*

es análisis de Fourier
en Fourier analysis

Procediment que consisteix a descompondre una funció en una sèrie de termes sinusoïdals i cosinusoïdals.

110 **anàlisi de gasos** *f*

es análisis de gases
en gas analysis

Anàlisi qualitativa o quantitativa dels gasos i de les seves mescles.

111 **anàlisi de mesotraces** *f*

es análisis de mesotrazas
en meso-trace analysis

Anàlisi de traces en què les mostres tenen un pes comprès entre 10^{-1} i 10^{-2} g i el contingut del constituent és igual o menor a 100 ppm.

112 **anàlisi de microtraces** *f*

es análisis de microtrazas
en microtrace analysis

Anàlisi de traces en què les mostres tenen un pes comprès entre 10^{-2} i 10^{-3} g i el contingut del constituent és igual o menor a 100 ppm.

113 **anàlisi de subtraces** *f*

es análisis de subtrazas
en sub-trace analysis

Anàlisi de traces en què les mostres tenen un pes comprès entre 10^{-3} i 10^{-4} g i el contingut del constituent és igual o menor a 100 ppm.

114 **anàlisi de superfícies** *f*

es análisis de superfícies
en surface analysis

Anàlisi consistent a determinar la composició atòmica, les estructures cristal·logràfiques i les propietats termodinàmiques i dinàmiques de la capa més externa d'un sòlid i de les espècies que hi són adsorbides.

115 **anàlisi de traces** *f*

es análisis de trazas
en trace analysis

Anàlisi per a determinar o detectar en una mostra els constituents que hi són presents en quantitats inferiors a 100 ppm.

116 **anàlisi electroquímica** *f*
sin. compl. **electroanàlisi**

es análisis electroquímico, electroanálisis
en electroanalysis, electrochemical analysis

Conjunt de mètodes analítics basats en els fenòmens que tenen lloc durant una reacció d'elèctrode o quan un corrent passa a través d'una solució d'un electròlit.

117 **anàlisi electroquímica per redissolució** *f*

es análisis electroquímico de redisolución
en electrochemical stripping analysis

Tècnica electroanalítica d'anàlisi de traces que comprèn una fase de preconcentració per deposició damunt d'un elèctrode i una altra fase de redissolució.

118 **anàlisi elemental** *f*

es análisis elemental
en elementary analysis

Detecció i/o determinació dels elements presents en una mostra analitzada.

119 **anàlisi espectroquímica** *f*

es análisis espectroquímico
en spectrochemical analysis

Tècnica analítica per a identificar qualitativament i per a determinar quantitativament els constituents o els components d'una mescla mitjançant mètodes espectromètrics.

120 **anàlisi frontal** *f*
sin. compl. **cromatografia frontal**

es análisis frontal, cromatografía frontal
en frontal analysis, frontal chromatography

Mètode de separació cromatogràfica en què la mostra, gasosa o líquida, alimenta de forma contínua el llit cromatogràfic.

121 **anàlisi gasomètrica** *f*
sin. compl. **gasometria**

es análisis gasométrico, gasometría
en gasometric analysis, gasometry

Tècnica analítica per a determinar un constituent d'una mostra a partir del mesurament d'un gas alliberat d'aquesta mostra per una reacció química.

122 **anàlisi gravimètrica** *f*
veg. **gravimetria**

123 **anàlisi local** *f*

es análisis local
en local analysis

Anàlisi d'una àrea determinada de la superfície d'una mostra que es duu a terme, generalment, per a determinar o confirmar l'heterogeneïtat de la mostra examinada.

124 **anàlisi orgànica qualitativa** *f*

es análisis orgánico cualitativo
en qualitative organic analysis

Anàlisi qualitativa de les mostres constituïdes per composts orgànics.

125 **anàlisi orgànica quantitativa** *f*

es análisis orgánico cuantitativo
en quantitative organic analysis

Anàlisi quantitativa dels elements i dels composts orgànics d'una mostra.

126 **anàlisi per activació amb neutrons** *f*

es análisis por activación con neutrones
en neutron activation analysis

Anàlisi consistent a bombardejar una mostra i a activar els elements que la componen i fer-los susceptibles a la seva anàlisi radioquímica, en què s'utilitza un corrent de neutrons produït per un reactor nuclear o una altra font.

127 **anàlisi per combustió** *f*

es análisis por combustión
en combustion analysis

Anàlisi d'un compost orgànic en què la mostra es crema en una atmosfera d'oxigen per a oxidar-la a CO_2 i H_2O, i aquests gasos es recullen en sengles absorbents i són pesats.

128 **anàlisi per injecció en flux** *f*

es análisis por inyección en flujo
en flow injection analysis

Anàlisi que es realitza per injecció d'una mostra líquida o dissolta en un corrent continu no segmentat d'una solució reactiva adequada, i en què aquest corrent transporta la mostra i el seu producte de reacció cap a un detector on es realitzen en continu els mesuraments pertinents d'aquest producte.

129 **anàlisi polarogràfica** *f*

es análisis polarográfico
en polarographic analysis

Conjunt de tècniques i procediments d'anàlisi qualitativa i quantitativa en què s'utilitza la polarografia.

130 **anàlisi potenciomètrica** *f*

es análisis potenciométrico
en potentiometric analysis

Conjunt de procediments d'anàlisi quantitativa que fan ús dels mesuraments potenciomètrics per a determinar la concentració de l'analit.

131 **anàlisi qualitativa** *f*

es análisis cualitativo
en qualitative analysis

Determinació de la composició qualitativa d'una mescla.

132 **anàlisi quantitativa** *f*

es análisis cuantitativo
en quantitative analysis

Determinació de la quantitat d'un o de tots els components d'una mostra.

133 **anàlisi química** *f*

es análisis químico
en chemical analysis

Conjunt de tècniques i mètodes necessaris per a obtenir coneixement de la composició, la identitat, la puresa, la constitució i l'estructura de la matèria.

134 **anàlisi tèrmica** *f*

es análisis térmico
en thermal analysis

Conjunt de tècniques analítiques per a mesurar una propietat física d'una substància en funció de la seva temperatura mentre la substància és sotmesa a un programa controlat de variació de la temperatura.

135 **anàlisi tèrmica** *f*

es análisis térmico
en thermal analysis

Tècnica analítica per a avaluar el grau de puresa d'una substància a partir de l'anàlisi de la seva corba temperatura-temps a la regió de la temperatura de fusió, i per a mesurar el descens crioscòpic.

136 **anàlisi tèrmica diferencial** *f*
sigla **DTA**

es análisis térmico diferencial
en differential thermal analysis

Tècnica analítica per a determinar de manera contínua les diferències de temperatura entre una substància patró inerta i una mostra del producte que s'estudia, per a investigar si en aquest s'hi produeixen reaccions de descomposició, deshidratació o d'altres tipus.

137 **anàlisi termogravimètrica** *f*
veg. **termogravimetria**

138 **anàlisi termogravimètrica derivada** *f*
veg. **termogravimetria derivada**

139 **anàlisi termogravimètrica isobàrica** *f*
veg. **termogravimetria isobàrica**

140 **anàlisi termogravimètrica isotèrmica** *f*
veg. **termogravimetria isotèrmica**

141 **anàlisi titulomètrica** *f*
sin. **anàlisi volumètrica**
sin. compl. **titulometria, volumetria**

es análisis volumétrico, volumetría
en titrimetric analysis, titrimetry, volumetric analysis

Anàlisi quantitativa basada en la valoració d'una mostra en solució i el mesurament del volum de solució valorant necessari per a ferla reaccionar totalment.

Nota: El terme *anàlisi titulomètrica* és especialment recomanat per la IUPAC.

142 **anàlisi total** *f*

es análisis total
en total analysis

Anàlisi consistent en la determinació de tots els constituents de la mescla que s'examina.

143 **anàlisi volumètrica** *f*
sin. **anàlisi titulomètrica**

144 **analit** *m*

es analito
en analyte

Element o compost que és objecte d'una anàlisi química.

145 **analitzador** *m*

es analizador
en analyser

Part del detector d'un instrument analític que rep el senyal procedent de l'analit i en permet l'estudi.

146 **analitzador** *m*

es analizador
en analyser

Qualsevol instrument que realitza una anàlisi química.

147 **analitzador de masses** *m*

es analizador de masas
en mass analyser

Secció d'un espectròmetre de masses en la qual el feix d'ions que emergeix de la font d'ions se separa en una sèrie de feixos d'acord amb la seva relació massa-càrrega.

148 **analitzador de masses quadripolar** *m*

es analizador de masas cuadripolar
en quadrupole mass analyser

Espectròmetre de masses en el qual els ions que tenen un valor desitjat de la relació massa-càrrega descriuen una trajectòria estable sota l'efecte de camps elèctrics quadripolars, estàtics i d'alta freqüència.

149 **anió** *m*
sin. compl. **ió negatiu**

es anión, ion negativo
en anion, negative ion

Ió de càrrega negativa, format per un àtom o un grup d'àtoms amb un o més electrons en excés.

150 **anió molecular** *m*

es anión molecular
en molecular anion

Ió molecular produït per una molècula en guanyar un electró.

151 **ànode** *m*

es ánodo
en anode

Elèctrode on té lloc l'oxidació i pel qual surten els electrons del medi cap al circuit exterior en una cel·la electroquímica.

152 **anòlit** *m*

es anólito
en anolyte

Part de l'electròlit que envolta l'ànode i que pot ésser separada de la resta mitjançant una membrana porosa o algun altre procediment.

153 **anticòs** *m*

es anticuerpo
en antibody

Proteïna sintetizada per un organisme que es genera com a resposta a un antigen i que es caracteritza per reaccionar específicament amb els seus antígens complementaris.

154 **antigen** *m*

es antígeno
en antigen

Molècula estranya a un organisme, que provoca que aquest generi anticossos.

155 **aparell de Kipp** *m*

es aparato de Kipp
en Kipp's apparatus

Aparell que genera gasos amb flux més o menys constant a partir d'un sòlid que reacciona amb un líquid sense escalfament, i que consisteix en un muntatge simple de tres bulbs col·locats verticalment.

156 **apodització** *f*

es apodización
en apodization

Tractament matemàtic d'un interferograma previ al càlcul d'un espectre mitjançant l'ús de la transformada de Fourier.

157 **apodització triangular** *f*

es apodización triangular
en triangular apodization

Apodització en què es multiplica un interferograma per una funció simètrica que decreix linealment des d'u, en el centre, fins a zero, en els límits predeterminants, en una espectroscòpia de transformada de Fourier.

158 **àrea del pic** *f*

es área del pico
en peak area

Àrea compresa entre el perfil d'un pic cromatogràfic i la seva línia de base.

159 **argentimetria** *f*

es argentimetría
en argentimetry

Determinació d'una substància mitjançant una valoració amb una solució estàndard de nitrat de plata.

160 **AS** *f*
veg. **espectrometria d'absorció**

es AS
en AS

161 **AS** *f*
veg. **espectroscòpia atòmica**

es AS
en AS

162 **assaig** *m*

es ensayo
en assay, test

Anàlisi qualitativa que es duu a terme mitjançant reaccions i tècniques simples i breus.

163 **assaig de dilució** *m*

es ensayo de dilución
en dilution test

Assaig consistent a fer diferents dilucions conegudes d'una mostra i comparar-ne els resultats per tal de poder comprovar l'exactitud d'un procediment analític.

164 **assaig de recuperació** *m*

es ensayo de recuperación
en recovery test

Assaig per a comprovar l'exactitud d'un procediment analític, consistent a determinar si la diferència entre els resultats de l'anàlisi d'una mostra i l'anàlisi de la mateixa mostra amb l'addició d'una quantitat coneguda d'analit coincideix precisament amb la quantitat que s'hi ha addicionat.

165 **assaig en blanc** *m*

es ensayo en blanco
en blank test

Assaig que es duu a terme en les mateixes condicions que l'anàlisi d'una mostra però en absència d'analit, per a confirmar el factor de correcció degut a la puresa dels reactius utilitzats.

166 **atmosfera iònica** *f*

es atmósfera iónica
en ionic atmosphere

Regió d'una solució al voltant d'un ió o d'una partícula carregada.

167 **àtom gram** *m*

es átomo-gramo
en gram atom

Unitat de quantitat de substància, equivalent a la quantitat d'un element que conté un cert nombre d'àtoms, $6{,}O23 \cdot 10^{23}$, i que és igual al pes atòmic de l'element expressat en grams.

168 **atomització** *f*

es atomización
en atomization

Procés de conversió de les molècules d'un analit en àtoms lliures.

169 **atomitzador** *m*

es atomizador
en atomizer

Polvoritzador, especialment el que actua amb la força impulsora produïda per un gas propulsor comprimit o liquat a l'interior del recipient.

170 **atomitzador** *m*

es atomizador
en atomizer

Dispositiu que s'utilitza per a posar en estat lliure els àtoms de les molècules que constitueixen l'analit i que s'utilitza en espectrometria atòmica.

171 **ATR** *f*

veg. **reflectància total atenuada**

es ATR
en ATR

172 **atrapament mecànic** *m*

es atrapamiento mecánico
en mechanical entrapment

Procés d'incorporació aleatòria de petites quantitats d'altres fases en la massa d'un precipitat durant la seva formació.

173 **autoabsorció** *f*

es autoabsorción
en self-absorption

Decreixement de la intensitat d'una ratlla espectral, en espectroscòpia d'emissió, produït per l'absorció parcial d'aquesta per àtoms del mateix analit situats en zones més fredes del focus emissor.

174 **autoanalitzador** *m*

es autoanalizador
en autoanalyser

Instrument per a dur a terme anàlisis químiques de manera automàtica o contínua.

175 **autoclau** *f*

es autoclave
en autoclave

Recipient de parets resistents apte per a suportar pressions internes elevades, que permet d'aconseguir temperatures de l'aigua continguda superiors a 100°C sense que hi hagi ebullició, i que s'utilitza principalment com a esterilitzador i per a dur a terme certes reaccions químiques.

176 **autodissociació** *f*

es autodisociación
en self-dissociation

Dissociació espontània d'una molècula en fragments més petits.

177 **autoinversió** *f*

es autoinversión
en self-reversal

Efecte de l'autoabsorció sobre la forma d'una ratlla espectral emesa en fonts lluminoses que no són homogènies pel que fa a la seva temperatura o a les condicions d'excitació en la direcció de l'observació.

178 **autoionització** *f*

es autoionización
en auto-ionization

Ionització espontània d'un àtom, d'una molècula o d'un fragment de molècula.

179 **autoprotòlisi** *f*

es autoprotólisis
en autoprotolysis

Dissociació iònica d'un solvent en la qual una part de les molècules d'aquest es comporten com un àcid, lliurant protons, mentre d'altres es comporten com una base, acceptant protons.

180 **azeotrop** *m*

es azeótropo
en azeotrope

Mescla de dos o més líquids volàtils que a una pressió determinada té un punt d'ebullició constant i destil·la sense canvi de composició, és a dir, donant un vapor que té la mateixa composició que el líquid.

B

181 **balanç de càrrega** *m*

es balance de carga
en charge balance

Equació que estableix que la suma de totes les càrregues iòniques positives en una solució és igual, en valor absolut, a la suma de totes les càrregues iòniques negatives.

182 **balanç de massa** *m*

es balance de masa
en mass balance

Equació que estableix que la suma dels mols d'un element en totes les formes en què és present en una solució és igual al nombre de mols de l'element que s'hi han introduït.

183 **balança analítica** *f*

es balanza analítica
en analytical balance

Balança que té una precisió de 0,1 a 0,05 mg i una capacitat màxima de càrrega de 50 a 200 g.

184 **balança automàtica** *f*

es balanza automática
en automatic balance

Balança que cerca la línia d'equilibri i l'equilibri de masses sense la intervenció de l'analista.

185 **balança d'assaig** *f*

es balanza de ensayo
en assay balance

Balança que té una precisió de 0,5 a 2,0 mg i una capacitat màxima de càrrega d'1 a 5 g.

186 **balança electrònica** *f*

es balanza electrónica
en electronic balance

Balança que posseeix un servomotor electromagnètic per a equilibrar la càrrega col·locada sobre el platet.

187 **balança mecànica** *f*

es balanza mecánica
en mechanical balance

Balança amb un braç que oscil·la sobre un fulcre i que utilitza masses estàndard per a determinar la massa de la substància que s'ha d'analitzar.

188 **balança microquímica** *f*
veg. **microbalança**

189 **baló** *m*

es balón
en balloon

Matràs de fons rodó.

190 **banda d'elució** *f*
veg. **pic cromatogràfic**

191 **banda de conducció** *f*

es banda de conducción
en conduction band

Banda d'energia buida o parcialment ocupada per electrons en l'estructura d'un sòlid semiconductor, en la qual aquests poden canviar de posició sota la influència d'un camp elèctric.

192 **banda de valència** *f*

es banda de valencia
en valence band

Banda d'energia formada pel desdoblament de les capes de valència dels àtoms d'un semiconductor, que contribueix a la formació dels enllaços entre els àtoms.

193 **banda espectral** *f*

es banda espectral
en spectral band

Regió de l'espectre electromagnètic, d'amplada finita, en la qual la radiació és absorbida o és emesa.

194 **banda prohibida** *f*

es banda prohibida
en band gap

Banda d'energia en la qual no pot haver-hi cap nivell d'energia accessible als electrons de valència.

195 **bany** *m*

es baño
en bath

Aparell consistent en un recipient que conté un medi transmissor de calor i que és utilitzat per a modificar o regular la temperatura d'un cos, generalment un líquid dins un altre recipient introduït en el medi.

196 **base** *f*

es base
en base

Compost químic que és capaç de captar o d'acceptar protons procedents d'un àcid i que, en conseqüència, és capaç de neutralitzar els àcids per a formar sals i, en una solució aquosa, d'alliberar ions hidròxid.

197 **base de Brønsted i Lowry** *f*

es base de Brønsted y Lowry
en Brønsted-Lowry base

Substància acceptora d'ions hidrogen o protons.

198 **base de Lewis** *f*

es base de Lewis
en Lewis base

Substància capaç de cedir un parell d'electrons per formar un enllaç covalent.

199 **base del pic** *f*

es base del pico
en peak base

Segment de la línia de base entre els extrems d'un pic cromatogràfic.

200 **base dipròtica** *f*

es base diprótica
en diprotic base

Compost bàsic capaç d'acoblar dos protons.

201 **base feble** *f*

es base débil
en weak base

Base en què la constant d'associació amb els ions hidrogen és petita.

202 **base forta** *f*

es base fuerte
en strong base

Base que presenta l'equilibri d'associació amb els ions hidrogen fortament desplaçat cap a la forma associada.

203 **base polipròtica** *f*

es base poliprótica
en poliprotic base

Compost bàsic que pot acceptar més d'un protó.

204 **bateria** *f*

es batería
en battery

Conjunt d'estris, aparells, etc., similars que estan disposats parallelament per a fer diverses rèpliques d'una anàlisi química.

205 **bec** *m*
sin. compl. **cremador**

es mechero
en burner

Dispositiu per a obtenir una flama per combustió de gasos, líquids o sòlids i que s'utilitza com a calefactor de laboratori.

206 **bec de Bunsen** *m*

es mechero de Bunsen
en Bunsen burner

Bec de premescla de gas combustible amb aire, que té un orifici graduable per a l'entrada d'aire a prop de la base.

207 **bec de Meker** *m*

es mechero de Meker
en Meker burner

Bec de gas que porta un filat a la sortida mitjançant el qual la flama queda dividida en moltes flames petites i se n'obté unes flames concentrades i molt oxidants.

208 **bec de Teclú** *m*

es mechero de Teclu
en Teclu burner

Bec de gas en què l'entrada de l'aire que es mescla amb el combustible es realitza per mitjà d'un disc desplaçable al llarg de l'eix del bec.

209 **bescanvi aniònic** *m*

es intercambio aniónico
en anion exchange

Procés mitjançant el qual una solució i un bescanviador aniònic es bescanvien anions.

210 **bescanvi catiònic** *m*

es intercambio catiónico
en cation exchange

Procés mitjançant el qual una solució i un bescanviador catiònic es bescanvien cations.

211 **bescanvi de masses** *m*

es intercambio de masas
en mass exchange

Procés mitjançant el qual una o diverses substàncies són transferides d'una fase a una altra fase.

212 **bescanvi iònic** *m*

es intercambio iónico
en ion exchange

Procés mitjançant el qual una solució i un bescanviador iònic es bescanvien ions.

213 **bescanvi isotòpic** *m*

es intercambio isotópico
en isotope exchange

Procés mitjançant el qual dues fases diferents, dos components diferents o dos grups d'una mateixa molècula es bescanvien isòtops d'un element determinat.

214 **bescanviador aniònic** *m*

es intercambiador aniónico
en anion exchanger

Bescanviador iònic en el qual els contraions que es bescanvien són anions.

215 **bescanviador catiònic** *m*

es intercambiador catiónico
en cation exchanger

Bescanviador iònic en el qual els contraions que es bescanvien són cations.

216 **bescanviador iònic** *m*

es intercambiador iónico
en ion exchanger

Substància polímera reticulada, sòlida o líquida, inorgànica o orgànica, que conté ions capaços d'ésser bescanviats per uns altres ions de càrrega del mateix signe presents en una solució aquosa amb la qual la substància entra en contacte.

217 **bescanviador iònic bifuncional** *m*

es intercambiador iónico bifuncional
en bifunctional ion exchanger

Bescanviador iònic que conté dos tipus de grups ionògens de força diferent.

218 **bescanviador iònic macroporós** *m*

es intercambiador iónico macroporoso
en macroporous ion exchanger

Bescanviador iònic que conté porus grans en comparació amb les dimensions atòmiques.

219 **bescanviador iònic monofuncional** *m*

es intercambiador iónico monofuncional
en monofunctional ion exchanger

Bescanviador iònic que conté un sol tipus de grup ionogen.

220 **bescanviador iònic polifuncional** *m*

es intercambiador iónico polifuncional
en polyfunctional ion exchanger

Bescanviador iònic que conté més d'un tipus de grups ionògens.

221 **bescanviador iònic redox** *m*

es intercambiador iónico redox
en redox ion exchanger

Bescanviador iònic convencional que conté grups funcionals que poden ésser oxidats o reduïts reversiblement, units directament al vehicle polímer o fixats a aquest d'una altra manera, per exemple com a contraió.

222 **biaix** *m*

es sesgo
en bias

Diferència entre la mitjana d'una sèrie de resultats i el seu valor real.

223 **biamperometria** *f*
veg. **amperometria amb dos elèctrodes indicadors**

224 **blanc** *m*

es blanco
en blank

Solució que es prepara amb tots els components d'una solució a analitzar tret de l'analit, i que permet determinar la resposta del mètode analític a les impureses presents en els reactius o qualsevol altre efecte causat per algun constituent diferent de l'analit.

225 **blanc de l'indicador** *m*
sin. compl. **correcció de l'indicador**

es blanco del indicador
en indicator blank, indicator correction

Quantitat necessària de reactiu valorant per a produir el mateix canvi de color de l'indicador que el requerit per a evidenciar el punt final de la valoració de la mostra en les mateixes condicions.

226 **blanc del solvent** *m*

es blanco del solvente
en solvent blank

Blanc que conté únicament el solvent.

227 **blanc instrumental** *m*

es blanco instrumental
en instrumental blank

Senyal instrumental que s'obté en el mesurament d'un blanc i que és constituït exclusivament pel solvent de la solució de l'analit.

228 **bloc calefactor** *m*

es bloque calefactor
en heating block

Bloc paral·lelepipèdic o cilíndric,

fet de metall, que s'escalfa per procediments diversos i que és proveït de forats d'emmotllat diferent per tal de contenir termòmetres, receptacles, etc.

229 **blocatge d'un indicador metal·locròmic** *m*

es bloqueo de un indicador metalocrómico
en blocking of metal indicator

Inactivació d'un indicador metal·locròmic, en una valoració complexomètrica, per a formar amb un ió metàl·lic interferent un complex més estable que el que hauria de formar amb l'ió metàl·lic a analitzar, o recíprocament per a formar amb aquest darrer un complex molt més estable que el d'aquest amb el reactiu valorant.

230 **boira** *f*

es niebla
en mist

Aerosol de partícules líquides.

231 **bolòmetre** *m*

es bolómetro
en bolometer

Detector d'infraroig que consta d'una resistència elèctrica que varia quan és escalfada per la radiació infraroja.

232 **bomba de buit** *f*

es bomba de vacío
en vacuum pump

Bomba destinada a l'evacuació d'aire o d'altres gasos d'un recinte tancat.

233 **bromatometria** *f*

es bromatometría
en bromatometry

Determinació d'una substància mitjançant la valoració amb una solució estàndard de bromat de potassi.

234 **bucle** *m*

es bucle
en loop

Fragment d'un tub per on circula un fluid, disposat de manera que permet prendre'n una mostra de volum definit.

235 **bureta** *f*

es bureta
en buret, burette

Tub llarg de diàmetre molt uniforme i graduat, que és proveït d'una clau i que s'utilitza per a mesurar el volum de líquid lliurat en una valoració.

236 **bureta automàtica** *f*

es bureta automática
en automatic burette

Bureta, amb dipòsit de càrrega incorporat, que es reomple automàticament fins a un volum màxim que coincideix amb l'arrasament de la graduació zero.

C

237 **cabal** *m*

es caudal
en flow rate

Magnitud que expressa la quantitat de fluid que, per unitat de temps, travessa una secció del conducte pel qual circula.

238 **cabalímetre** *m*
sin. compl. **fluxòmetre**

es caudalímetro, flujómetro, fluxómetro
en flowmeter

Instrument per a mesurar el cabal i la velocitat de descàrrega d'un fluid que circula per una canonada.

239 **calibratge** *m*

es calibración, calibrado
en calibration

Conjunt de procediments analítics per a establir la relació existent entre el mesurament resultant d'un procediment analític i la concentració o la propietat d'interès de l'anàlisi, que s'obté aplicant el procediment esmentat a substàncies patró de concentració coneguda o a d'altres materials de referència.

240 **cambra d'ionització** *f*

es cámara de ionización
en ionization chamber

Cambra plena de gas que conté dos elèctrodes de càrrega oposada disposats de tal manera que, quan el gas és ionitzat, els ions que es formen són atrets cap als elèctrodes i es crea un corrent d'ionització que és mesurat.

241 **cambra de polvorització** *f*

es cámara pulverizadora
en spray chamber

Cambra on una solució és dispersada homogèniament en forma d'aerosol en el si d'un gas en sortir aquest a gran velocitat per un nebulitzador.

242 **camí òptic d'absorció** *m*

es camino óptico de absorción
en absorption path length

Distància que recorre la radiació a través del medi absorbent.

243 **camí òptic de refracció** *m*

es camino óptico de refracción
en refraction path length

Producte de la distància geomètrica que separa dos punts d'un mateix raig lluminós per l'índex de refracció del medi.

244 **capa amb gradient** *f*

es capa con gradiente
en gradient layer

Capa o columna de rebliment, en cromatografia, que presenta un canvi continu de les propietats que afecten la separació de la mescla.

245 **capa de difusió** *f*

es capa de difusión
en diffusion layer

Regió d'una fase en la qual hi ha un gradient de concentració d'un component que provoca el desplaçament dels ions o les molècules d'aquest component.

246 **capacitat** *f*

es capacidad
en capacity

Càrrega màxima permissible d'una balança segons la indicació del fabricant.

247 **capacitat amortidora** *f*
sin. compl. **índex amortidor**

es capacidad reguladora, índice regulador
en buffer capacity, buffer index

Capacitat de resistència d'una solució als canvis de pH enfront de petites addicions d'àcids o de bases.

248 **capacitat de fixació d'un llit de bescanviador iònic** *f*

es capacidad del lecho cromatográfico a nivel de saturación
en breakthrough capacity of an ion exchanger bed

Quantitat màxima d'espècie iònica que és capaç de fixar un bescanviador iònic situat en una columna cromatogràfica quan es fa passar per aquesta un excés d'una solució d'aquella espècie iònica en unes condicions determinades.

249 **capacitat específica pràctica** *f*

es capacidad específica práctica
en practical specific capacity

Quantitat de mil·liequivalents d'ions fixats per gram de bescanviador iònic sec en unes condicions determinades.

250 **capacitat específica teòrica** *f*

es capacidad específica teórica
en theoretical specific capacity

Quantitat de mil·liequivalents de grups ionògens per gram de bescanviador iònic sec.

251 **capacitat volúmica** *f*

es capacidad por volumen
en volume capacity

Quantitat de mil·liequivalents de grups ionògens per centímetre cúbic de bescanviador iònic inflat.

252 **capacitat volúmica del llit** *f*

es capacidad por volumen del lecho
en bed volume capacity

Quantitat de mil·liequivalents de grups ionògens per centímetre cúbic de volum d'un llit de bescanviador iònic en unes condicions determinades.

253 **càpsula** *f*

es cápsula
en dish

Vas en forma de casquet esfèric utilitzat per a evaporar o concentrar líquids a temperatures moderadament altes.

254 **càpsula de Petri** *f*

es cápsula de Petri
en Petri dish

Vas de forma cilíndrica, d'alçada molt petita en comparació amb el seu diàmetre, que té una tapadora de la mateixa forma i que s'usa principalment per a fer-hi cultius microbiològics.

255 **carbonització d'un filtre** *f*

es carbonización de un filtro
en carbonization of filter paper

Ignició suau d'un filtre seguida d'incineració.

256 **càrrega** *f*

es carga
en load

Pes total aplicat sobre el fulcre de suspensió del plat d'una balança de precisió, la qual està equilibrada amb l'objecte que s'hi pesa.

257 **catàlisi per transferència de fase** *f*

es catálisis por transferencia de fase
en phase-transfer catalysis

Tècnica analítica en què s'utilitza un compost per a extreure d'una fase un reactiu i després es duu a una altra fase on té lloc una reacció.

258 **catalitzador** *m*

es catalizador
en catalyst

Substància que modifica la velocitat d'una reacció química sense aparèixer en els productes finals de la reacció.

259 **cataròmetre** *m*
veg. **detector de conductivitat tèrmica**

260 **catió** *m*
sin. compl. **ió positiu**

es catión, ion positivo
en cation, positive ion

Ió de càrrega positiva, format per un àtom o un grup d'àtoms que ha perdut electrons.

261 **catió molecular** *m*

es catión molecular
en molecular cation

Ió molecular produït per una molècula en perdre un electró.

262 **càtode** *m*

es cátodo
en cathode

Elèctrode on té lloc una reducció i per on entren els electrons del circuit exterior al medi en una cel·la electroquímica.

263 **catòlit** *m*

es católito
en catholyte

Part de l'electròlit que envolta el càtode i que pot ésser separada de la resta mitjançant una membrana porosa o algun altre procediment.

264 **CC** *f*
veg. **cromatografia de columna**

es CC
en CC

265 **cel·la de Golay** *f*
veg. **detector pneumàtic de Golay**

266 **cel·la de grafit** *f*
sin. compl. **cubeta de grafit**

es celda de grafito, cubeta de grafito
en graphite cell, graphite cuvette

Dispositiu atomitzador de grafit amb escalfament per resistències elèctriques, que és utilitzat en espectroscòpia atòmica.

267 **cel·la electrolítica** *f*

es celda electrolítica
en electrolytic cell

Cel·la electroquímica en la qual el subministrament d'energia elèctrica per part d'una font externa produeix una reacció electroquímica.

268 **cel·la electroquímica** *f*

es celda electroquímica
en electrochemical cell

Dispositiu constituït principalment per una cel·la que conté un medi electroactiu, en el qual té lloc una reacció química produïda pel forniment d'energia elèctrica o bé l'alliberament d'energia elèctrica a partir de l'energia despresa per una reacció química espontània.

269 **cel·la estàndard** *f*

es celda estándard
en standard cell

Cel·la primària de la qual es coneix la força electromotriu, que es manté suficientment constant amb el temps.

270 **cèl·lula fotoelèctrica** *f*
sin. compl. **fotocèl·lula**

es célula fotoeléctrica, fotocélula
en photocell, photoelectric cell

Dispositiu basat en l'efecte fotoelèctric destinat a convertir una radiació generalment lluminosa en un corrent elèctric.

271 **centrifugadora** *f*

es centrifugadora
en centrifuge

Aparell que separa les partícules sòlides de lenta sedimentació o en suspensió per rotació ràpida entorn d'un eix vertical, de les mescles contingudes en uns receptacles, generalment tubs de centrifugadora, balancejats o fixos.

272 **cèrcol** *m*

es aro
en circle

Suport constituït per una barreta de ferro en forma de cercle tancat o obert, amb un mànec per a fixar-se a un suport vertical per mitjà d'una nou, i que és utilitzat per a aguantar recipients esfèrics, reixetes, embuts, etc.

273 **cicle de quelat** *m*

es anillo de quelato
en chelate ring

Heterocicle, generalment de cinc o de sis baules, que conté un ió metàl·lic unit amb dos àtoms coordinadors pertanyents a una molècula del lligand.

274 **coagulació** *f*

es coagulación
en coagulation

Procés mitjançant el qual la fase dispersa d'un sistema col·loïdal o el sòlid dissolt d'un sistema líquid són alterats de manera que se separen del sistema en forma d'una fase sòlida insoluble gelatinosa.

275 **cocromatografia** *f*

es cocromatografía
en cochromatography

Cromatografia consistent a analitzar simultàniament una sèrie de substàncies conegudes i una substància problema per a identificar aquesta per les analogies entre temps de retenció.

276 **coeficient d'absorció** *m*
veg. **absortivitat**

277 **coeficient d'absorció molar** *m*
veg. **absortivitat molar**

278 **coeficient d'acoblament** *m*

es coeficiente de acoplamiento
en coupling coefficient

Quocient entre la inductància mútua de dos circuits i la mitjana geomètrica de les autoinductàncies d'ambdós circuits.

279 **coeficient d'activitat** *m*

es coeficiente de actividad
en activity coefficient

Factor que relaciona les propietats termodinàmiques d'un component en una determinada solució amb les propietats d'aquest en una solució ideal.

Nota: El seu símbol és f o γ.

280 **coeficient d'activitat iònica** *m*

es coeficiente de actividad iónica
en ionic activity coefficient

Factor pel qual cal multiplicar la concentració d'un ió per a obtenir-ne l'activitat.

Nota: El seu símbol és f_i o γ_i.

281 **coeficient d'activitat mitjà** *m*

es coeficiente de actividad medio
en mean activity coefficient

Coeficient d'activitat assignat a un electròlit igual a la mitjana geomètrica ponderada dels coeficients d'activitat individuals dels ions que constitueixen aquest electròlit.

Nota: El seu símbol és $f_{\pm}$ o $\gamma_{\pm}$.

282 **coeficient de difusió** *m*

es coeficiente de difusión
en diffusion coefficient

Pes en grams del material que es difon a través d'una àrea unitat en un temps unitat sota un gradient de concentració unitat.

Nota: El seu símbol és $\bar{D}$.

283 **coeficient de distribució** *m*

es coeficiente de distribución
en distribution coefficient

Quocient entre la quantitat d'un component retingut per unitat de massa, de superfície o de volum de fase estacionària i la seva concentració analítica en la fase mòbil en equilibri en una columna cromatogràfica.

Nota: El seu símbol és D.

284 **coeficient de partició** *m*

es coeficiente de reparto
en partition coefficient

Quocient entre les concentracions d'un determinat component presents en dues fases líquides en equilibri.

Nota: El seu símbol és K.

285 **coeficient de selectivitat** *m*
sin. compl. **constant de selectivitat, factor de selectivitat**

es coeficiente de selectividad, constante de selectividad, factor de selectividad
en selectivity coefficient, selectivity constant, selectivity factor

Coeficient que s'obté per aplicació formal de la llei d'acció de masses a un bescanvi iònic, que caracteritza quantitativament la capacitat relativa d'un bescanviador iònic a fixar preferencialment un de dos ions presents en la mateixa solució.

Nota: El seu símbol és $\kappa_{A/B}$.

286 **coeficient de selectivitat corregit** *m*

es coeficiente de selectividad corregido
en corrected selectivity coefficient

Coeficient de selectivitat d'una reacció de bescanvi iònic, expressat en funció de les activitats dels ions en la solució.

287 **coeficient de selectivitat potenciomètrica** *m*

es coeficiente de selectividad potenciométrica
en potentiometric selectivity coefficient

Coeficient que expressa la capacitat d'un elèctrode selectiu d'ions per a distingir entre ions diferents presents en la mateixa solució.

288 **coió** *m*

es co-ión
en co-ion

Espècie iònica mòbil en una solució en contacte amb un bescanviador iònic, amb càrrega del mateix signe que la de l'ió fix.

289 **col·lector de Faraday** *m*

es colector de Faraday
en Faraday cup collector

Col·lector còncau, obert d'un costat i tancat de l'altre, que s'utilitza per a recollir feixos d'ions en espectrometria de masses.

290 **col·limació** *f*

es colimación
en collimation

Transformació d'un feix de radiació corpuscular o electromagnètica en un grup de raigs paral·lels.

291 **col·limador** *m*

es colimador
en collimator

Aparell òptic que produeix feixos de llum paral·lels.

292 **col·loïdal** *adj*

es coloidal
en colloidal

Relatiu o pertanyent a un col·loide.

293 **col·loide** *m*

es coloide
en colloid

Substància dispersa en un medi, que es difon molt lentament i que no pot travessar les membranes de diàlisi com les solucions.

294 **col·loide d'associació** *m*

es coloide de asociación
en association colloid

Col·loide que consisteix en agrupacions de molècules que tenen parts liòfiles i parts liòfobes.

295 **colorímetre** *m*

es colorímetro
en colorimeter

Absorciòmetre per a mesurar l'absorció d'energia radiant d'una mostra en la regió visible de l'espectre electromagnètic.

296 **colorimetria** *f*
veg. **anàlisi colorimètrica**

297 **colorimetria** *f*
veg. **absorciometria**

298 **columna capil·lar** *f*

es columna capilar
en open tube

Columna cromatogràfica de diàmetre petit.

299 **columna cromatogràfica** *f*

es columna cromatográfica
en chromatographic column

Tub que conté la fase estacionària i a través del qual passa la fase mòbil, que s'utilitza en cromatografia.

300 **columna de separació** *f*

es columna de separación
en separation column

Columna cromatogràfica de bescanvi iònic que s'utilitza per a separar l'analit en cromatografia iònica.

301 **columna reblerta** *f*

es columna de relleno,
columna empacada
en packed column

Columna cromatogràfica omplerta amb material de rebliment.

302 **columna supressora** *f*

es columna supresora
en supressor column

Columna cromatogràfica de bescanvi iònic que s'utilitza per a convertir l'eluent iònic en una forma no iònica en una cromatografia iònica.

303 **columna tubular oberta** *f*

es columna tubular abierta
en open tubular column

Columna cromatogràfica, generalment capil·lar, a les parets de la qual s'aplica un líquid o un sòlid actiu com a fase estacionària.

304 **combustió** *f*

es combustión
en combustion

Reacció d'oxidació que és acompanyada de despreniment de llum i calor, amb flama o sense.

305 **combustió** *f*

es combustión
en combustion

Procés característic d'anàlisi elemental orgànica en què els elements que constitueixen un compost són posats en formes fàcils de determinar aïlladament.

306 **complex** *m*

es complejo
en complex, complex compound

Compost químic que conté un àtom o un ió central, generalment d'un metall de transició, acceptor de parells d'electrons, voltat d'un grup de lligands, ions o molècules donadores de parells d'electrons amb què s'estableixen enllaços coordinats que permeten que el conjunt conservi la seva identitat fins i tot en solució, bé que és susceptible de dissociació parcial.

307 **complex de transferència de càrrega** *m*

es complejo de transferencia de carga
en charge-transfer complex

Complex format per molècules que són donadores de parells d'electrons i molècules que són acceptores de parells d'electrons.

308 **complexació** *f*

es complejación
en complex formation

Reacció d'una formació d'ions complexos per coordinació de lligands a un ió metàl·lic.

309 **complexometria** *f*

es complejometría
en complexometry

Tècnica volumètrica basada en reaccions de complexació en solució, per a les quals cal utilitzar com a solució valorant la d'un agent complexant multidentat que formi complexos molt estables.

310 **component** *m*
veg. **constituent**

311 **compost d'inclusió** *m*

es compuesto de inclusión
en inclusion compound

Compost en el qual un component forma una xarxa cristal·lina que conté espais buits en els quals es localitza una segona espècie química.

312 **comptagotes** *m*

es cuentagotas
en dropmeter, dropper

Tub afuat en un extrem i, en l'altre, unit a una pera de goma, utilitzat per a dosar quantitats petites de líquids per a instil·lacions, etc.

313 **concentració** *f*

es concentración
en concentration

Quantitat de substància en una unitat de massa o de volum de la solució o en la mescla que la conté.

314 **concentració analítica** *f*

es concentración analítica
en analytical concentration

Concentració total de totes les formes en què un determinat constituent és present en una solució.

315 **concentració aparent** *f*

es concentración aparente
en apparent concentration

Concentració de l'analit determinada sense tenir en compte les interferències.

316 **concentració molal** *f*
veg. **molalitat**

317 **concentració molar** *f*
veg. **molaritat**

318 **concentrador** *m*

es concentrador
en concentrator

Aparell dissenyat amb diversos refinaments, sovint d'alimentació contínua, per a aconseguir llevar part d'un solvent d'una solució, a temperatures moderades i sense arribar a la sequedat.

319 **concomitant** *m*
veg. **substància interferent**

320 **condensador** *m*

es condensador
en condenser

Aparell que serveix per a condensar un vapor.

321 **condicions estàndard** *f pl*
sin. compl. **condicions normals**

es condiciones estándard,
condiciones normales
en normal conditions,
standard conditions

Condicions tèrmiques i de pressió preses com a referència i que corresponen a 273,15 K (0°C) i 1013,25 Pa (1 atm) respectivament.

322 **condicions normals** *f pl*
veg. **condicions estàndard**

323 **conductància** *f*
sin. compl. **conductància elèctrica**

es conductancia, conductancia eléctrica
en conductance, electric conductance

Capacitat d'un circuit per conduir un corrent continu, igual a la inversa de la resistència.

Nota: El seu símbol és *G* o *L*.

324 **conductància aparent** *f*
veg. **admitància**

325 **conductància elèctrica** *f*
veg. **conductància**

326 **conductància òptica** *f*

es conductancia óptica
en optical conductance

Magnitud física que es refereix a la restricció geomètrica del flux energètic radiant a través d'un instrument per les obertures o distàncies que presenta.

327 **conductivitat** *f*

es conductividad
en conductivity

Capacitat d'una substància per a conduir calor o electricitat.

328 **conductometria** *f*

es conductometría
en conductometry

Tècnica analítica per a mesurar la conductivitat elèctrica de la solució d'un electròlit, que s'aplica en química analítica quantitativa.

329 **conductometria d'alta freqüència** *f*
sin. compl. **oscil·lometria**

es conductometría de alta frecuencia, oscilometría
en high-frequency conductometry, oscillometry

Conductometria consistent a aplicar un voltatge altern de freqüència major de 10^5 Hz a la cel·la de conductància i a mesurar la conductància, l'admitància o la susceptància en funció del volum de solució valorant addicionada.

330 **constant d'acidesa** *f*

es constante de acidez
en acidity constant

Constant d'equilibri corresponent a la dissociació de l'enèsim protó d'un àcid, neutre o amb càrrega.

331 **constant d'Avogadro** *f*
sin. compl. **nombre d'Avogadro**

es constante de Avogadro, número de Avogadro
en Avogadro constant, Avogrado number

Nombre de molècules contingut en una molècula gram de qualsevol substància i, per tant, el nombre d'àtoms contingut en un àtom gram de qualsevol substància.

Nota: El seu símbol és N_A.

332 **constant d'equilibri** *f*

es constante de equilibrio
en equilibrium constant

Constant que relaciona les concentracions dels composts produïts a l'equilibri en una reacció reversible i les concentracions dels reactants romanents a l'equilibri, elevada la concentració de cada substància al seu coeficient estequiomètric.

Nota: El seu símbol és *K*.

333 **constant d'estabilitat** *f*
sin. compl. **constant de formació**

es constante de estabilidad, constante de formación
en formation constant, stability constant

Constant d'equilibri de la reacció de formació d'un complex a partir dels seus constituents.

334 **constant d'estabilitat condicional** *f*
sin. compl. **constant d'estabilitat efectiva**

es constante de estabilidad condicional, constante de estabilidad efectiva
en conditional stability constant, effective stability constant

Constant d'equilibri de la reacció de formació d'un complex en unes condicions constants determinades, tals com la força iònica, el pH i les concentracions d'espècies complexants auxiliars, els valors de les quals són inclosos en el valor de la constant.

335 **constant d'estabilitat cumulativa** *f*
veg. **constant d'estabilitat global**

336 **constant d'estabilitat efectiva** *f*
veg. **constant d'estabilitat condicional**

337 **constant d'estabilitat global** *f*
sin. compl. **constant d'estabilitat cumulativa**

es constante de estabilidad acumulativa, constante de estabilidad global
en cumulative stability constant, overall stability constant

Constant d'equilibri de la reacció global que considera simultàniament tots els passos involucrats en l'equilibri de formació d'un compost complex.

Nota: El seu símbol és $ß_{nl}$.

338 **constant d'estabilitat successiva** *f*
sin. compl. **constant de formació successiva**

es constante de estabilidad sucesiva, constante de formación sucesiva
en stepwise formation constant, stepwise stability constant

Constant d'equilibri d'un dels passos successius involucrats en l'equilibri de formació d'un compost complex.

Nota: El seu símbol és K_n.

339 **constant d'extracció** *f*

es constante de extracción
en extraction constant

Constant d'equilibri de la reacció de distribució d'un solut entre dos solvents.

Nota: El seu símbol és K_{ex}.

340 **constant d'ionització** *f*

es constante de ionización
en ionization constant

Constant d'equilibri del procés d'ionització d'una espècie química, d'un àcid, d'una base o d'una sal.

Nota: El seu símbol és K_i.

341 **constant de Boltzmann** *f*

es constante de Boltzmann
en Boltzmann constant

Constant fisicoquímica igual a la relació entre la constant universal dels gasos i la constant d'Avogadro.

Nota: El seu símbol és κ.

342 **constant de dissociació** *f*

es constante de disociación
en dissociation constant

Constant d'equilibri de la reacció de dissociació d'una espècie química.

Nota: El seu símbol és K_d.

343 **constant de dissociació àcida** *f*

es constante de disociación ácida
en acid dissociation constant

Constant d'equilibri de la reacció d'un àcid amb el solvent.

Nota: El seu símbol és K_a.

344 **constant de dissociació bàsica** *f*

es constante de disociación básica
en base dissotiation constant

Constant d'equilibri de la reacció d'una base amb el solvent.

Nota: El seu símbol és K_b.

345 **constant de distribució** *f*

es constante de distribución
en distribution constant

Relació, en cromatografia, entre la concentració d'un component en una forma única i definida, en la fase estacionària, i la seva concentració en la mateixa forma, en la fase mòbil en equilibri.

Nota: El seu símbol és K_D.

346 **constant de distribució** *f*

es constante de distribución
en distribution constant

Relació, en distribució líquid-líquid, entre la concentració d'una forma definida d'una substància en un solvent i la concentració d'aquesta mateixa espècie en un altre solvent.

Nota: El seu símbol és K_D.

347 **constant de distribució global** *f*

es constante de distribución global
en overall distribution constant

Constant de distribució corresponent a l'equilibri de distribució global que inclou diverses reaccions i equilibris.

348 **constant de formació** *f*
veg. **constant d'estabilitat**

349 **constant de formació successiva** *f*
veg. **constant d'estabilitat successiva**

350 **constant de partició** *f*

es constante de reparto
en partition constant

Límit al qual tendeix la constant de distribució d'una espècie entre dos solvents immiscibles quan la seva concentració tendeix a zero.

Nota: El seu símbol és K_D^o.

351 **constant de Planck** *f*

es constante de Planck
en Planck's constant

Constant universal de la mecànica quàntica que, multiplicada per la freqüència, dóna l'energia del quàntum corresponent.

Nota: El seu símbol és h.

352 **constant de protonació** *f*

es constante de protonación
en protonation constant

Constant d'equilibri corresponent a l'addició de l'enèsim protó a un àcid.

Nota: El seu símbol és K_{Hn}.

353 **constant de protonació cumulativa** *f*

es constante de protonación global
en cumulative protonation constant

Constant d'equilibri corresponent a la formació de l'àcid a partir de l'addició de n protons a l'anió totalment desprotonat.

Nota: El seu símbol és $ß_{Hn}$.

354 **constant de selectivitat** *f*
veg. **coeficient de selectivitat**

355 **constant de temps** *f*

es constante de tiempo
en time constant

Temps necessari perquè una mesura assoleixi una fracció igual a 0,63 del seu valor final.

356 **constant de transformació** *f*

es constante de transformación
en transformation constant

Constant que intervé en la transformació de la transmitància fotogràfica en el paràmetre fotogràfic.

357 **constant dels gasos** *f*

es constante de los gases
en gas constant

Constant de proporcionalitat que apareix en l'equació d'estat d'un gas ideal i que és igual a la pressió del gas multiplicada pel seu volum molar i dividida per la seva temperatura.

Nota: El seu símbol és R.

358 **constant dielèctrica** *f*
veg. **permitivitat relativa**

359 **constituent** *m*
sin. compl. **component**

es componente, constituyente
en component, constituent

Cadascuna de les parts més simples que formen el material que s'ha d'analitzar.

360 **constituent major** *m*
sin. compl. **constituent majoritari**

es constituyente mayoritario
en major constituent

Constituent el contingut relatiu del qual en la mostra està comprès entre l'1 i el 100%.

361 **constituent majoritari** *m*
veg. **constituent major**

362 **constituent menor** *m*
sin. compl. **constituent minoritari**

es constituyente minoritario
en minor constituent

Constituent el contingut relatiu del qual en la mostra està comprès entre el 0,01 i l'1%.

363 **constituent minoritari** *m*
veg. **constituent menor**

364 **contraió** *m*

es contra-ión
en counter-ion

Ió mòbil bescanviable en una solució en contacte amb un bescanviador iònic.

365 **contrast d'hipòtesi** *m*
veg. **prova d'hipòtesi**

366 **convecció** *f*

es convección
en convection

Transport d'energia calorífica d'uns punts a uns altres d'un fluid per efecte del moviment d'aquest a causa de les diferències de densitat combinades amb l'acció de la gravetat.

367 **convecció** *f*

es convección
en convection

Procés consistent en la producció d'un corrent elèctric per mitjà d'algun procediment especial, diferent de l'aplicació d'un camp elèctric.

368 **conversió interna** *f*

es conversión interna
en internal conversion

Transició electrònica isoenergètica sense emissió de radiació que té lloc entre estats de spins electrònics d'igual multiplicitat.

369 **conversió interna** *f*

es conversión interna
en internal conversion

Fenomen de descomposició radioactiva en què un nucli atòmic excitat transfereix l'excés d'energia a un electró orbital, el qual és expulsat de l'àtom.

370 **coprecipitació** *f*

es coprecipitación
en coprecipitation

Precipitació d'un compost normalment soluble juntament amb un macrocomponent insoluble de la mateixa solució per formació de cristalls mixts o per absorció, per oclusió o per atrapament mecànic.

371 **corba analítica** *f*

es curva analítica
en analytical curve

Representació gràfica que il·lustra els valors de la propietat mesurada en funció de les concentracions del constituent que es determina.

372 **corba analítica d'avaluació** *f*

es curva analítica de evaluación
en analytical evaluation curve

Corba analítica utilitzada per a trobar la concentració del constituent a analitzar a partir del valor de la propietat mesurada, i que es dedueix de la corba de calibratge mitjançant el bescanvi de l'eix de la propietat per l'eix de la concentració.

373 **corba d'eficàcia d'ionització** *f*

es curva de eficacia de ionización
en ionization efficiency curve

Corba analítica que mostra el corrent d'un ió particular en funció de l'energia dels electrons o dels fotons ionitzants en espectrometria de masses.

374 **corba d'elució** *f*

es curva de elución
en elution curve

Corba analítica que s'obté en una elució cromatogràfica a partir dels valors de la concentració del solut en l'eluat enfront del temps o del volum d'elució.

375 **corba d'error normal** *f*
sin. compl. **corba normal**
es curva de error normal, curva normal

Corba analítica que representa la distribució de probabilitat dels errors aleatoris segons una distribució de Gauss.

376 **corba d'escalfament** *f*
es curva de calentamiento
en heating curve

Corba analítica que representa la variació, en funció del temps, de la temperatura d'una mostra de substància escalfada segons un programa determinat d'increment de la temperatura.

377 **corba d'interferència** *f*
es curva de interferencia
en interference curve

Corba analítica que representa la relació entre la concentració aparent de l'analit i la concentració de la substància interferent, per a una concentració d'analit determinada constant.

378 **corba de calibratge** *f*
es curva de calibración
en calibration curve

Corba analítica corresponent a una funció analítica de calibratge, que representa els valors de la propietat mesurada en funció de les concentracions dels patrons.

379 **corba de calibratge d'emulsió** *f*
es curva de calibración de emulsión
en emulsion calibration curve

Corba que representa la relació entre el logaritme de la intensitat lluminosa i el paràmetre fotogràfic.

380 **corba de calibratge potenciomètric** *f*
es curva de calibración potenciométrica
en potentiometric calibration curve

Corba analítica que representa la variació del potencial d'un determinat elèctrode selectiu d'ions en funció del logaritme de l'activitat de l'ió implicat.

381 **corba de creixement** *f*
es curva de crecimiento
en curve-of-growth

Corba analítica que representa, en espectrometria de flama, la relació entre la intensitat de la ratlla espectral obtinguda i la concentració atòmica quan l'espècie emissora es manifesta en una zona de la flama que té una distribució radial homogènia de la temperatura.

382 **corba de refredament** *f*
es curva de enfriamiento
en cooling curve

Corba analítica que representa la variació, en funció del temps, de la temperatura d'una mostra de substància refredada segons un programa determinat de descens de la temperatura en anàlisi tèrmica.

383 **corba de resposta espectral** *f*
es curva de respuesta espectral
en spectral response curve

Corba analítica que descriu la dependència entre l'efectivitat de resposta d'un fotodetector i la longitud d'ona en espectrometria.

384 **corba de valoració** *f*
es curva de valoración
en titration curve

Corba analítica que descriu el transcurs d'una anàlisi titulomètrica i que representa la variació d'una propietat característica del sistema en funció del volum afegit d'una solució valorant de concentració coneguda.

385 **corba de velocitat d'escalfament** *f*
es curva de velocidad de calentamiento
en heating-rate curve

Corba analítca que representa la variació, en funció del temps, de la derivada primera de la corba d'escalfament.

386 **corba de velocitat de refredament** *f*

es curva de velocidad de enfriamiento
en cooling-rate curve

Corba analítica que representa la variació, en funció del temps, de la derivada primera de la corba de refredament.

387 **corba de velocitat inversa d'escalfament** *f*

es curva de velocidad inversa de calentamiento
en inverse heating-rate curve

Corba analítica que representa la variació, en funció del temps, de la inversa de la derivada primera de la corba d'escalfament.

388 **corba de velocitat inversa de refredament** *f*

es curva de velocidad inversa de enfriamiento
en inverse cooling-rate curve

Corba analítica que representa la variació, en funció del temps, de la inversa de la derivada primera de la corba de refredament.

389 **corba dilatomètrica** *f*

es curva dilatométrica
en dilatometric curve

Corba analítica que representa els canvis de dimensió d'una mostra de substància en funció de la temperatura.

390 **corba electrocapil·lar** *f*

es curva electrocapilar
en electrocapillary curve

Corba analítica que representa la relació entre el potencial d'un elèctrode de gotes de mercuri i la tensió superficial a la interfície entre aquest elèctrode i la solució electrolítica que l'envolta.

391 **corba intensitat-temps** *f*

es curva intensidad-tiempo
en intensity-time curve

Corba analítica que representa la variació de la intensitat d'una ratlla espectral en funció del temps en anàlisi espectroquímica.

392 **corba normal** *f*
veg. **corba d'error normal**

393 **corba termogravimètrica** *f*

es curva termogravimétrica
en thermogravimetric curve

Corba analítica que representa, en funció del temps o de la temperatura, la massa d'una mostra de substància escalfada o refredada segons un programa de temperatura determinat.

394 **corba termogravimètrica isobàrica** *f*

es curva termogravimétrica isobárica
en isobaric weight-change curve

Corba analítica que representa, en funció de la temperatura, la variació de la massa d'una mostra de substància mantinguda sota una pressió parcial constant dels productes volàtils.

395 **corba termogravimètrica isotèrmica** *f*

es curva termogravimétrica isotérmica
en isothermal weight-change curve

Corba analítica que representa, en funció del temps, la massa d'una mostra de substància escalfada a una temperatura determinada que es manté constant.

396 **correcció de fase** *f*

es corrección de fase
en phase correction

Correcció que es duu a terme per a tenir en compte la lleugera asimetria de l'interferograma en el càlcul de la transformada de Fourier.

397 **correcció de l'indicador** *f*
veg. **blanc de l'indicador**

398 **corrector de fons continu** *m*

es corrector de fondo continuo
en background corrector

Aparell electroòptic per a compensar el fons que es genera a causa d'una absorció, que s'utilitza en espectrometria d'absorció atòmica.

399 **corrent capacitatiu** *m*

es corriente capacitativa
en charging current

Corrent, utilitzat en voltamperometria, degut al procés de càrrega, a cada valor del potencial aplicat, del condensador constituït per una doble capa elèctrica present a la interfície mercuri-solució, a mesura que canvia la superfície de l'elèctrode indicador de gotes de mercuri.

400 **corrent cinètic** *m*

es corriente cinética
en kinetic current

Corrent faradaic que, en polarografia, correspon a l'oxidació o la reducció d'una substància electroactiva formada a partir d'una substància no electroactiva per mitjà d'una reacció química de velocitat de reacció finita.

401 **corrent de difusió** *m*

es corriente de difusión
en diffusion current

Corrent que, en polarografia, és determinat per la velocitat de difusió dels analits electroactius vers la superfície de l'elèctrode, a través de la capa de difusió.

Nota: El seu símbol és λ_d.

402 **corrent elèctric** *m*

es corriente eléctrica
en electric current

Moviment de càrregues elèctriques en un medi o al llarg d'un circuit.

Nota: El seu símbol és λ.

403 **corrent faradaic** *m*
sin. **corrent faràdic**

es corriente faradaica
en faradaic current, faradic current

Corrent corresponent a les reaccions de transferència de càrrega que tenen lloc en la interfície elèctrode-electròlit.

Nota: El seu símbol és λ_f.

404 **corrent faràdic** *m*
sin. **corrent faradaic**

405 **corrent límit** *m*

es corriente límite
en limiting current

Valor límit d'un corrent faradaic que, en polarografia, tendeix al corrent de difusió quan la velocitat del procés de transferència de càrrega s'incrementa per variació del potencial.

Nota: El seu símbol és λ_l.

406 **corrent residual** *m*

es corriente residual
en residual current

Corrent que, en polarografia, correspon a la suma del corrent capacitatiu i del corrent provinent de la reducció o l'oxidació d'impureses.

407 **cos negre** *m*

es cuerpo negro
en black body

Superfície ideal que absorbeix tots els fotons que hi incideixen.

408 **coulombímetre** *m*

es coulombímetro
en coulometer

Cel·la electrolítica per a mesurar la quantitat de càrrega elèctrica que ha passat a través d'un circuit elèctric a partir de la quantitat de material dipositat electroquímicament.

409 **coulombimetria** *f*

es coulombimetría
en coulometry

Tècnica electroanalítica consistent a mesurar la quantitat d'electricitat necessària per a convertir quantitativament, per electròlisi, un component de la substància a analitzar en una altra substància.

410 **coulombimetria de corrent controlat** *f*

es coulombimetría de corriente constante
en controlled-current coulometry

Coulombimetria consistent a aplicar un corrent d'intensitat constant i coneguda per a produir una reacció quantitativa, amb la qual cosa l'avaluació de la quantitat d'electricitat requereix només el mesurament del temps necessari per a arribar al final de la reacció.

411 **coulombimetria polarogràfica** *f*

es coulombimetría polarográfica
en polarographic coulometry

Coulombimetria en què l'elèctrode de treball és un elèctrode de gotes de mercuri o un altre metall líquid i en què es mesura la intensitat de difusió en funció de la quantitat d'electricitat.

412 **covariància** *f*

es covarianza
en covariance

Mesura paramètrica que expressa el grau de variació conjunta de dues variables.

413 **creixement de partícules** *m*

es crecimiento de partículas
en particle growth

Procés mitjançant el qual les molècules s'incorporen a un cristall i el fan més gran.

414 **cremador** *m*
veg. **bec**

415 **cremador** *m*

es quemador
en burner

Dispositiu per a obtenir una flama en els espectròmetres d'absorció atòmica per a la vaporització de la solució que s'analitza.

416 **cremador d'injecció directa** *m*

es quemador de inyección directa
en direct-injection burner

Cremador en el qual l'oxidant i el combustible emergeixen per orificis separats i es mesclen per damunt dels orificis del cremador a causa del seu moviment turbulent.

417 **cremador de premescla** *m*

es quemador de premezcla
en premix burner

Cremador a l'interior del qual són mesclats completament el combustible i l'oxidant abans de sortir pels orificis i d'entrar a la zona de combustió primària de la flama.

418 **cremador de ranura** *m*

es quemador de ranura
en slot burner

Cremador que té una ranura per a la sortida de la mescla de gasos per a obtenir una flama laminar.

419 **creuament d'intersistema** *m*

es conversión intersistema
en intersystem crossing

Transició de radiació intracromofòrica entre estats de diferent multiplicitat.

420 **cristall analitzador** *m*

es cristal analizador
en analysing crystal

Placa d'un cristall senzill utilitzada per a detectar i analitzar els raigs X en un espectròmetre de raigs X.

421 **cristall mixt** *m*
sin. compl. **solució sòlida**

es cristal mixto, solución sólida
en mixed crystal, solid solution

Cristall que conté un segon constituent que encaixa i es distribueix en la xarxa cristal·lina receptora.

422 **cristal·lització** *f*

es cristalización
en crystallization

Procés mitjançant el qual es formen i creixen cristalls en solucions o substàncies líquides.

423 **cromatògraf** *m*

es cromatógrafo
en chromatograph

Instrument utilitzat per a dur a terme separacions cromatogràfiques, que, generalment, és equipat amb un dispositiu per a l'enregistrament automàtic dels resultats.

424 **cromatografia** *f*

es cromatografía
en chromatography

Mètode d'anàlisi immediat basat en la percolació d'una fase líquida o gasosa al llarg d'una fase estacionària, que pot ésser sòlida o bé líquida fixa impregnant un suport inert.

425 **cromatografia amb cabal programat** *f*

es cromatografía con flujo programado
en flow-programmed chromatography

Cromatografia consistent a modificar el cabal de la fase mòbil d'una forma sistemàtica durant una part o la totalitat de la separació.

426 **cromatografia amb efecte salí** *f*

es cromatografía con efecto salino
en salting-out chromatography

Cromatografia consistent a afegir a l'eluent un electròlit no adsorbible per a modificar l'equilibri de distribució dels components que s'han de separar.

427 **cromatografia amb temperatura programada** *f*

es cromatografía con temperatura programada
en temperature-programmed chromatography

Cromatografia consistent a modificar la temperatura de la columna d'una forma sistemàtica durant una part o la totalitat de la separació.

428 **cromatografia ascendent** *f*

es cromatografía ascendente
en ascending chromatography

Cromatografia plana consistent a introduir la fase mòbil per l'extrem inferior del full de paper o de la placa de capa prima, la qual flueix cap amunt, a causa de l'acció capil·lar, i amb una velocitat que disminueix gradualment per la gravitació.

429 **cromatografia bidimensional** *f*

es cromatografía bidimensional
en two-dimensional chromatography

Tècnica analítica utilitzada en cromatografia sobre paper i de capa prima, amb la qual es fa una elució en què els components migren, primerament, cap a una direcció i, després, cap a una altra direcció que és perpendicular a la primera.

430 **cromatografia d'adsorció** *f*

es cromatografía de adsorción
en adsorption chromatography

Cromatografia en què la separació es basa, principalment, en les diferències d'afinitat d'adsorció de les substàncies per la superfície d'un sòlid actiu.

431 **cromatografia d'afinitat** *f*

es cromatografía de afinidad
en affinity chromatography

Cromatografia en què la separació de macromolècules biològiques resulta de les interaccions intermoleculars específiques entre aquestes i un lligand actiu immobilitzat.

432 **cromatografia d'exclusió** *f*
veg. **cromatografia de permeació**

433 **cromatografia d'exclusió iònica** *f*

es cromatografía de exclusión iónica
en ion-exclusion chromatography

Cromatografia de permeació consistent a separar els electròlits forts dels electròlits febles i dels no-electròlits mitjançant resines de bescanvi.

434 **cromatografia de bescanvi de lligands** *f*
sigla **LEC**

es cromatografía de intercambio de ligandos
en ligand-exchange chromatography

Cromatografia en què s'utilitza un

bescanviador iònic carregat amb ions metàl·lics complexables com a fase estacionària en la separació d'una mescla de lligands en solució segons les diferents afinitats d'aquests vers els ions metàl·lics fixats a la columna cromatogràfica.

435 **cromatografia de bescanvi iònic** *f*

es cromatografía de intercambio iónico
en ion-exchange chromatography

Cromatografia en què la separació dels components d'una mescla d'ions es basa en les diferents afinitats d'aquests vers els centres actius del rebliment de la columna.

436 **cromatografia de capa prima** *f*
sigla **TLC**

es cromatografía en capa fina
en thin-layer chromatography

Cromatografia plana consistent a dur a terme la separació en una capa prima distribuïda sobre un suport, com ara una placa de vidre, que actua com a fase estacionària.

437 **cromatografia de columna** *f*
sigla **CC**

es cromatografía en columna
en column chromatography

Cromatografia en què la fase estacionària és reblerta uniformement dins de la columna cromatogràfica.

438 **cromatografia de columna capil·lar** *f*

es cromatografía en columna capilar
en open-tube chromatography, open-tubular chromatography

Cromatografia en què s'utilitza una columna de diàmetre capil·lar a la paret interior de la qual es fixa un líquid o un sòlid actiu com a fase estacionària.

439 **cromatografia de fase gasosa** *f*
veg. **cromatografia de gasos**

440 **cromatografia de fase líquida** *f*
veg. **cromatografia de líquids**

441 **cromatografia de filtració per gel** *f*
veg. **cromatografia de permeació per gel**

442 **cromatografia de fluids supercrítics** *f*
sigla **SFC**

es cromatografía de fluídos supercríticos
en supercritical fluid chromatography

Cromatografia de gasos que es duu a terme a pressions altes i a temperatures superiors a la temperatura crítica del gas portador.

443 **cromatografia de gasos** *f*
sin. compl. **cromatografia de fase gasosa**
sigla **GC**

es cromatografía de fase gaseosa, cromatografía de gases
en gas chromatography, gas-phase chromatography

Cromatografia en què la fase mòbil és un gas.

444 **cromatografia de líquids** *f*
sin. compl. **cromatografia de fase líquida**
sigla **LC**

es cromatografía de fase líquida, cromatografía de líquidos
en liquid chromatography, liquid-phase chromatography

Cromatografia en què la fase mòbil és un líquid.

445 **cromatografia de líquids d'alta resolució** *f*
sigla **HPLC**

es cromatografía de líquidos de alta resolución
en high-performance liquid cromatography

Cromatografia de líquids en què s'utilitzen columnes reblertes de partícules molt fines i un dispositiu d'alta pressió per a fer circular el solvent dins la columna cromatogràfica.

446 **cromatografia de parells iònics** *f*

es cromatografía de pares iónicos
en ion-pair chromatography

Cromatografia en sistemes líquid-sòlid o líquid-líquid que contenen contraions hidròfobs capaços de formar amb els ions a analitzar molècules o parells iònics més complexos per associació, els quals són sorbits per adsorbents hidròfobs o són extrets per la fase líquida estacionària.

447 **cromatografia de partició** *f*

es cromatografía de partición, cromatografía de reparto
en partition chromatography

Cromatografia líquid-líquid en la qual la separació es basa principalment en les diferències de solubilitat dels components en la fase estacionària i en les diferències de solubilitat dels components en la fase mòbil.

448 **cromatografia de permeació** *f*
sin. compl. **cromatografia d'exclusió**

es cromatografía de exclusión, cromatografía de permeación
en exclusion chromatography, permeation chromatography

Cromatografia en què la separació es basa en els efectes d'exclusió, deguts a la diferència de mida i de forma de les molècules o dels ions, en relació amb la forma i la mida dels porus de la fase estacionària.

449 **cromatografia de permeació per gel** *f*
sin. compl. **cromatografia de filtració per gel**
sigla **GPC**

es cromatografía de filtración sobre gel, cromatografía de permeación sobre gel
en gel permeation chromatography, gel-filtration chromatography

Cromatografia de permeació que té lloc en un medi no aquós en què s'utilitzen gels hidròfobs com a fase estacionària.

Nota: El terme *cromatografia de filtració per gel* no és recomanat per la IUPAC.

450 **cromatografia descendent** *f*

es cromatografía descendente
en descending chromatography

Cromatografia plana consistent a introduir la fase mòbil per l'extrem superior del full de paper o de la placa de capa prima, la qual flueix cap avall a causa de l'acció capil·lar i la gravitació.

451 **cromatografia en fase invertida** *f*

es cromatografía en fase inversa
en reversed-phase chromatography

Cromatografia líquid-líquid en què la fase mòbil és més polar que la fase estacionària.

452 **cromatografia en fase normal** *f*

es cromatografía en fase normal
en normal phase chromatography

Cromatografia en què la fase estacionària és més polar que la fase mòbil.

453 **cromatografia frontal** *f*
veg. **anàlisi frontal**

454 **cromatografia gas-líquid** *f*
sigla **GLC**

es cromatografía gas-líquido
en gas-liquid chromatography

Cromatografia de gasos en què la fase estacionària és un líquid distribuït en un suport sòlid i la separació té lloc gràcies al repartiment dels components de la mostra entre aquesta fase líquida i la fase gasosa mòbil.

455 **cromatografia gas-sòlid** *f*
sigla **GSC**

es cromatografía gas-sólido
en gas-solid chromatography

Cromatografia de gasos en què la fase estacionària és un sòlid actiu i la separació té lloc gràcies a les diferències de comportament dels components de la mostra en la seva adsorció en aquesta fase sòlida i en la seva desorció vers la fase gasosa mòbil.

456 **cromatografia iònica** *f*

es cromatografía iónica
en ion cromatography

Cromatografia de bescanvi iònic en què la fase estacionària, constituïda per partícules molt petites, és reblerta de columnes d'alta eficàcia que requereixen aplicació de pressió per a fer circular l'eluent, i en què, generalment, s'utilitzen detectors conductomètrics o espectroscòpics.

457 **cromatografia líquid-gel** *f*
sigla **LGC**

es cromatografía líquido-gel
en liquid-gel chromatography

Cromatografia de líquids en què la fase estacionària és un gel inflat.

458 **cromatografia líquid-líquid** *f*
sigla **LLC**

es cromatografía líquido-líquido
en liquid-liquid chromatography

Cromatografia de líquids en què la fase estacionària és un líquid distribuït sobre un suport sòlid.

459 **cromatografia líquid-sòlid** *f*
sigla **LSC**

es cromatografía líquido-sólido
en liquid-solid chromatography

Cromatografia de líquids en què la fase estacionària és un sòlid adsorbent actiu.

460 **cromatografia per desplaçament** *f*

es cromatografía de desplazamiento
en displacement chromatography

Cromatografia en què la mostra introduïda en la columna cromatogràfica és desplaçada per una fase mòbil que conté un agent desplaçant.

461 **cromatografia per elució** *f*

es cromatografía de elución
en elution chromatography

Cromatografia en què la separació té lloc fent-hi circular un eluent al llarg del llit cromatogràfic després de la introducció de la mostra.

462 **cromatografia plana** *f*

es cromatografía plana
en plane chromatography

Cromatografia en què es duu a terme la separació sobre una superfície plana, com ara un full de paper o una placa de capa prima.

463 **cromatografia sobre paper** *f*
sigla **PC**

es cromatografía en papel
en paper chromatography

Cromatografia plana en què una tira o un full de paper actua com a fase estacionària per a la separació cromatogràfica.

464 **cromatograma** *m*

es cromatograma
en chromatogram

Representació gràfica que resulta d'una cromatografia, la qual s'obté de la resposta del detector en funció del temps o en funció del volum de l'element que hi ha circulat.

465 **cromatograma diferencial** *m*

es cromatograma diferencial
en differential chromatogram

Cromatograma que un detector diferencial fa del senyal analític i que consisteix en sèries successives de pics cromatogràfics.

466 **cromatograma integral** *m*

es cromatograma integral
en integral chromatogram

Cromatograma que un detector integral fa d'un senyal analític i que consisteix en sèries successives d'esglaons.

467 **cromatopolarografia** *f*

es cromatopolarografía
en chromatopolarography

Mètode electroanalític que inclou la separació cromatogràfica de components d'una mescla i la determinació polarogràfica dels components en l'efluent.

468 **cromòfor** *m*

es cromóforo
en chromophore

Part d'una molècula responsable de l'absorció d'energia radiant d'una determinada freqüència dins la zona del visible o l'ultraviolat.

469 **cronoamperometria** *f*

es cronoamperometría
en chronoamperometry

Conjunt de tècniques electroanalítiques per a mesurar en funció del temps la intensitat de corrent que circula per un elèctrode indicador submergit en la solució no agitada de la mostra sotmès a un potencial constant.

470 **cronoamperometria convectiva** *f*

es cronoamperometría convectiva
en convective chronoamperometry

Cronoamperometria en què el transport de matèria cap a l'elèctrode de treball té lloc per convecció.

471 **cronoamperometria d'escombratge lineal del potencial** *f*
sin. compl. **voltamperometria amb elèctrode estacionari, voltamperometria d'escombratge lineal**

es cronoamperometría de barrido lineal del potencial, voltamperometría de barrido lineal, voltamperometría de electrodo estacionario
en chronoamperometry with lineal potential sweep, linear-sweep voltammetry, stationary-electrode voltammetry

Cronoamperometria consistent a aplicar un potencial que varia linealment amb el temps i en què el transport de matèria cap a l'elèctrode indicador té lloc per difusió.

472 **cronoamperometria de salt doble del potencial** *f*

es cronoamperometría de salto doble del potencial
en double-potential-step chronoamperometry

Cronoamperometria en què el potencial de l'elèctrode indicador és canviat de sobte a un valor constant i posteriorment a un altre, i la intensitat de corrent que hi circula es mesura en funció dels intervals de temps transcorreguts des dels moments dels canvis de potencial.

473 **cronoamperometria polarogràfica** *f*

es cronoamperometría polarográfica
en polarographic chronoamperometry

Cronoamperometria en què els mesuraments es duen a terme amb l'elèctrode de gotes de mercuri durant el temps de vida d'una sola gota.

474 **cronocoulombimetria** *f*

es cronocoulombimetría
en chronocoulometry

Conjunt de tècniques electroanalítiques per a mesurar en funció del temps la quantitat d'electricitat total que circula per un elèctrode indicador submergit en la solució no agitada de la mostra sotmès a un potencial constant.

475 **cronocoulombimetria convectiva** *f*

es cronocoulombimetría convectiva
en convective chronocoulometry

Cronocoulombimetria en què el transport de matèria cap a l'elèctrode indicador té lloc per convecció.

476 **cronocoulombimetria de salt doble de potencial** *f*

es cronocoulombimetría de salto doble de potencial
en double-potential-step chronocoulometry

Cronocoulombimetria en què el potencial de l'elèctrode indicador és canviat de sobte a un valor constant i posteriorment a un altre, i la quantitat d'electricitat consumida es mesura en funció dels intervals de temps transcorreguts des dels moments dels canvis de potencial.

477 **cronopotenciometria** *f*

es cronopotenciometría
en chronopotentiometry

Conjunt de tècniques electroquímiques en què s'aplica un corrent d'intensitat constant a un elèctrode indicador estacionari submergit en una solució no agitada de la mostra, i en què es mesura la variació del potencial de l'elèctrode en funció del temps d'electròlisi.

478 **cronopotenciometria amb inversió de corrent** *f*

es cronopotenciometría con inversión de corriente
en current-reversal chronopotentiometry

Cronopotenciometria d'esglaons de corrent en què la intensitat durant el segon esglaó és igual en valor absolut a la del primer esglaó però canviada de signe.

479 **cronopotenciometria cíclica** *f*

es cronopotenciometría cíclica
en cyclic chronopotentiometry

Cronopotenciometria en què la intensitat del corrent que s'aplica a l'elèctrode indicador canvia de valor i de signe periòdicament.

480 **cronopotenciometria cíclica amb inversió de corrent** *f*

es cronopotenciometría cíclica con inversión de corriente
en cyclic current reversal chronopotentiometry

Cronopotenciometria cíclica en què la intensitat de corrent que s'aplica a l'elèctrode indicador manté el seu valor absolut però canvia periòdicament de signe.

481 **cronopotenciometria cíclica d'esglaons de corrent** *f*

es cronopotenciometría cíclica a escalones de corriente
en cyclic current-step chronopotentiometry

Cronopotenciometria cíclica en què la intensitat de corrent que s'aplica a l'elèctrode indicador canvia de signe periòdicament de forma asimètrica, és a dir, canviant el seu valor absolut.

482 **cronopotenciometria d'escombratge lineal de corrent** *f*

es cronopotenciometría de barrido lineal de corriente
en chronopotentiometry with linear current sweep

Cronopotenciometria en què la intensitat de corrent que s'aplica a l'elèctrode indicador varia linealment amb el temps.

483 **cronopotenciometria d'esglaons de corrent** *f*

es cronopotenciometría a escalones de corriente
en current-step chronopotentiometry

Cronopotenciometria en què la intensitat constant de corrent que s'aplica a l'elèctrode indicador canvia de manera sobtada a un valor diferent, que és també constant.

484 **cronopotenciometria de cessament de corrent** *f*

es cronopotenciometría de cesamiento de corriente
en current-cessation chronopotentiometry

Cronopotenciometria d'esglaons de corrent en què la intensitat de corrent del segon esglaó és igual a zero.

485 **cronopotenciometria de corrent altern** *f*

es cronopotenciometría de corriente alterna
en alternating-current chronopotentiometry

Cronopotenciometria en què s'aplica a l'elèctrode indicador un corrrent altern sinusoïdal d'amplitud constant.

486 **cronopotenciometria de corrent altern sobreimposat** *f*

es cronopotenciometría de corriente alterna sobreimpuesta

en chronopotentiometry with superimposed alternating current

Cronopotenciometria en què la intensitat de corrent que s'aplica a l'elèctrode indicador és la suma d'un corrent altern de baixa amplitud i d'un corrent continu.

487 **cronopotenciometria de corrent programat** *f*

es cronopotenciometría de corriente programada

en programmed-current chronopotentiometry

Cronopotenciometria en què la intensitat de corrent que s'aplica a l'elèctrode indicador varia amb una variació no lineal amb el temps però monotònica.

488 **cronopotenciometria de voltatge altern** *f*

es cronopotenciometría de voltaje alterno

en alternating-voltage chronopotentiometry

Cronopotenciometria consistent a aplicar un corrent continu i un voltatge altern simultàniament a l'elèctrode indicador de gotes de mercuri, i a mesurar el component altern de la intensitat de corrent en funció del temps d'electròlisi.

489 **cronopotenciometria derivada** *f*

es cronopotenciometría derivada

en derivative chronopotentiometry

Cronopotenciometria en què la magnitud mesurada en funció del temps d'electròlisi és la velocitat de variació del potencial de l'elèctrode indicador amb el temps.

490 **cubeta** *f*

es cubeta

en tray

Recipient de forma rectangular, més alt que ample, amb tapadora de vores esmerilades, utilitzat especialment per a tècniques cromatogràfiques, tant de paper com de capa fina.

491 **cubeta** *f*

es cubeta

en tray

Cel·la de forma de paral·lelepípede dret o de tub d'assaig, de petites dimensions i de material de quars, vidre, clorur de sodi, etc., que és utilitzada sobretot com a recipient dels líquids que han d'ésser sotmesos a determinacions espectroscòpiques.

492 **cubeta de grafit** *f*
veg. **cel·la de grafit**

493 **dard de plasma** *m*

es dardo de plasma
en plasma jet

Forma que adopta un plasma generat per una descàrrega d'arc dins una cambra quan és transferit a través d'una obertura apropiada.

494 **decantació** *f*

es decantación
en decantation

Procés mitjançant el qual se separen dues o més substàncies immiscibles entre elles per gravetat, sempre que tinguin distintes densitats i que almenys una sigui líquida.

495 **deflexió** *f*

es deflexión
en deflection

Punt de retorn d'una oscil·lació ideal, no amortida, iniciada al punt zero i expressada en unitats de desviació de l'escala en una balança de precisió.

496 **deflexió d'una ratlla espectral** *f*

es deflexión de una línea espectral
en spectral-line deflection

Deflexió que té lloc quan una ratlla espectral passa per un sistema dispersiu, com ara un prisma o una xarxa de difracció.

497 **deflexió magnètica** *f*

es deflexión magnética
en magnetic deflection

Deflexió d'un feix d'ions que té lloc, generalment, en un pla perpendicular a la direcció del camp magnètic i amb un moviment circular uniforme, i que es produeix com a resultat del seu desplaçament en aquest camp magnètic.

498 **densitat** *f*

es densidad
en density

Massa d'una substància per unitat de volum.

499 **densitat de corrent** *f*

es densidad de corriente
en current density

Quocient entre la intensitat de corrent d'un conductor i l'àrea de la secció transversal del conductor.

500 **densitat de flux** *f*

es densidad de flujo
en flux density

Nombre de partícules o de fotons que incideixen en una secció plana per unitat de temps i per unitat d'àrea.

501 **densitat òptica** *f*
veg. **absorbància**

502 **densitat relativa** *f*

es densidad relativa
en specific gravity

Relació entre la densitat d'un material i la densitat de l'aigua a 4 °C.

503 **densitòmetre** *m*
veg. **microfotòmetre**

504 **depressió** *f*

es depresión
en depression

Disminució de la concentració aparent d'una mostra per l'acció d'interferències.

Nota: Terme oposat a *acreixement*.

505 **deriva** *f*

es deriva
en drift

Canvi lent i no aleatori, en funció del temps, de la resposta d'un instrument electrònic de mesurament.

506 **derivatització** *f*

es derivatización
en derivatization

Preparació d'un derivat de l'analit de propietats definides o conegudes.

507 **derivatògraf** *m*

es derivatógrafo
en derivatograph

Instrument per a investigar una substància utilitzant simultàniament el mètode termogravimètric i l'anàlisi tèrmica diferencial, que s'utilitza en anàlisi tèrmica.

508 **desactivació** *f*

es desactivación
en deactivation

Procés mitjançant el qual l'activitat d'un adsorbent decreix a causa de l'adsorció de vapor d'aigua, del rentatge amb un àcid, etc.

509 **descàrrega de càtode buit** *f*

es descarga de cátodo hueco
en hollow-cathode discharge

Descàrrega polsant produïda per l'aplicació d'un potencial elevat entre un ànode i un càtode a una cambra que conté un gas inert.

510 **descàrrega luminescent** *f*

es descarga luminescente
en glow discharge

Descàrrega elèctrica que té lloc entre dos elèctrodes en gasos a pressions baixes i que provoca la luminescència d'algun dels gasos.

511 **descomposició metastable** *f*

es descomposición metaestable
en metastable decomposition

Procés de descomposició d'ions metastables durant el seu pas per l'espectròmetre de masses.

512 **descomposició per via humida** *f*

es descomposición por vía húmeda
en wet ashing

Destrucció de la matèria orgànica d'una mostra amb un àcid oxidant, en calent, abans de dur a terme la determinació d'un component inorgànic.

513 **desemmascarant** *m*
veg. **agent desemmascarant**

514 **desorció** *f*

es desorción
en desorption

Procés invers a l'adsorció consistent en l'alliberament de l'adsorbat de la superfície de l'adsorbent.

515 **desproporcionació** *f*
veg. **dismutació**

516 **dessalinització** *f*

es desalinización
en desalination

Eliminació de sals o de qualsevol tipus de molècula petita d'una solució de macromolècules.

517 **dessecador** *m*

es desecador
en desiccator

Recipient de vidre on s'assequen o conserven materials en presència d'un dessecant o per aplicació de buit.

518 **dessecant** *m*
veg. **agent dessecant**

519 **dessolvatació** *f*

es desolvatación
en desolvation

Eliminació del solvent que solvata les molècules o els ions de l'analit.

520 **destil·lador** *m*

es destilador
en still

Aparell que serveix per a destil·lar.

521 **desviació estàndard** *f*

es desviación estándar
en standard deviation

Arrel quadrada de la suma dels quadrats de les desviacions entre els valors de les variables i la mitjana de la sèrie, dividida pel nombre de variables de la sèrie menys u.

Nota: El seu símbol és *s*.

522 **detecció** *f*

es detección
en detection

Procés pel qual es reconeix la presència d'una substància per mitjà de reaccions químiques o de processos físics.

523 **detector** *m*

es detector
en detector

Dispositiu que serveix per a convertir en un senyal mesurable alguna de les propietats físiques o químiques de les substàncies.

524 **detector d'ionització** *m*

es detector de ionización
en ionization detector

Detector capaç d'ionitzar les molècules dels gasos que passen per una cambra de mesurament i capaç de mesurar els canvis de conductivitat elèctrica produïts per qualsevol canvi de composició d'aquests gasos.

525 **detector d'ionització de flama** *m*
sigla **FID**

es detector de ionización de llama
en flame ionization detector

Detector d'ionització, utilitzat en cromatografia de gasos, en què es produeix un corrent elèctric amb la ionització de les molècules de l'analit produïda quan l'efluent de la columna cromatogràfica travessa una flama d'hidrogen situada entre dos elèctrodes sotmesos a una diferència de potencial.

526 **detector de conductivitat tèrmica** *m*
sin. compl. **cataròmetre**
sigla **TCD**

es detector de conductividad térmica
en thermal conductivity detector

Detector per a mesurar la diferència entre la conductivitat tèrmica d'un gas portador pur i un gas que conté els components de la mostra que s'ha d'analitzar.

527 **detector de radiació** *m*

es detector de radiación
en radiation detector

Detector que s'utilitza per a detectar i enregistrar la radiació, en el qual l'energia radiant és transformada en una quantitat física fàcilment mesurable.

528 **detector diferencial** *m*

es detector diferencial
en differential detector

Detector la resposta del qual depèn del valor instantani de la concentració o d'alguna altra propietat de l'analit a cada instant successiu o a cada valor successiu de la variable independent.

529 **detector fotoconductiu** *m*

es detector fotoconductivo
en photoconductive detector

Detector la conductivitat del qual canvia quan el material de què està format absorbeix llum.

530 **detector fotoelèctric** *m*
veg. **fotodetector**

531 **detector integral** *m*

es detector integral
en integral detector

Detector la resposta del qual depèn de la quantitat total d'analit o del valor acumulat d'una propietat seva, fins a un moment donat, quan l'analit és sotmès a un procés evolutiu.

532 **detector lineal** *m*

es detector lineal
en linear detector

Detector que mesura un fotocorrent que és proporcional al flux radiant, que s'utilitza en espectroscòpia.

533 **detector pneumàtic de Golay** *m*
sin. compl. **cel·la de Golay**

es celda de Golay,
detector pneumático de Golay
en Golay cell,
Golay pneumatic detector

Detector d'infraroig consistent en l'expansió d'un gas que deforma un mirall flexible, produïda per l'absorció d'energia radiant en una cambra ennegrida.

534 **determinació** *f*

es determinación
en determination

Establiment de la quantitat o de la concentració d'una substància específica en una mostra.

535 **determinació simultània** *f*

es determinación simultánea
en simultaneous determination

Determinació de més d'un constituent d'una mescla analitzada que es duu a terme mitjançant un sol mètode analític.

536 **diàlisi** *f*

es diálisis
en dialysis

Tècnica analítica de separació consistent a fer passar una solució per una membrana semipermeable que només deixa travessar les molècules petites.

537 **dicroisme circular** *m*

es dicroismo circular
en circular dichroism

Fenomen pel qual la llum polaritzada circularment surt polaritzada el·lípticament després de travessar un medi òpticament actiu.

538 **dicromatometria** *f*

es dicromatometría
en dichromatometry

Determinació d'una substància mitjançant una valoració amb una solució estàndard de dicromat de potassi.

539 **dielectrometria** *f*

es dielectrometría
en dielcometry, dielectrometry

Tècnica electroanalítica consistent a determinar la concentració de la substància a analitzar a partir del mesurament de la permitivitat relativa d'una solució.

540 **diferència de potencial** *f*
sin. **tensió**

es diferencia de potencial, tensión
en electric potential difference,
tension

Integral de línia, en un camp elèctric, del vector intensitat de camp entre dos punts del dit camp a través d'un camí determinat.

541 **difracció** *f*

es difracción
en diffraction

Fenomen d'interferència múltiple, degut al caràcter ondulatori de quasevol radiació electromagnètica, que es produeix quan aquesta travessa escletxes separades entre elles una distància de l'ordre de magnitud de la longitud d'ona de la radiació.

542 **difusió** *f*

es difusión
en diffusion

Transport de matèria produït pel moviment caòtic aleatori dels ions o de les molècules d'un medi que tendeix a compensar un gradient de concentració.

543 **difusió** *f*

es difusión
en diffusion

Propagació d'una radiació electromagnètica en múltiples direccions després d'ésser reflectida per una superfície no especular o de travessar un medi determinat.

544 **difusió longitudinal** *f*
veg. **difusió molecular axial**

545 **difusió molecular axial** *f*
sin. compl. **difusió longitudinal**

es difusión longitudinal, difusión molecular axial
en axial molecular diffusion, longitudinal diffusion

Difusió de molècules de solut en la direcció del moviment de l'eluent, en cromatografia, que contribueix a l'eixamplament total del pic cromatogràfic.

Nota: La difusió molecular axial és representada pel primer terme de l'equació de van Deemter.

546 **difusió turbulenta** *f*

es difusión turbulenta
en eddy diffusion

Difusió produïda pels diferents camins que segueixen les molècules en una columna reblerta, en cromatografia, que contribueix a l'eixamplament total del pic cromatogràfic.

Nota: La difusió turbulenta és representada pel segon terme de l'equació de van Deemter.

547 **digestió** *f*

es digestión
en digestion

Procés mitjançant el qual dues fases entren en contacte prolongat, generalment en calent, per a produir una transformació física o química en una de les fases o per a obtenir-ne la solució d'un compost determinat.

Nota: Una de les aplicacions més importants del procés de digestió consisteix a produir la millora de la qualitat, la mida o la puresa de cristalls.

548 **digestor** *m*

es digestor
en digester

Aparell consistent en un dipòsit metàl·lic, amb tapadora i vàlvula de seguretat, utilitzat per a descompondre, estovar, solubilitzar, etc., substàncies, a causa de la pressió i de les temperatures altes que hi són aconseguides.

549 **dilatòmetre** *m*

es dilatómetro
en dilatometer

Instrument per a mesurar els canvis de volum d'una substància deguts a les variacions de temperatura.

550 **dilatometria** *f*

es dilatometría
en dilatometry, thermodilatometry

Tècnica analítica per a mesurar els canvis de dimensió d'una mostra d'una substància en funció de la temperatura.

551 **dilatometria derivada** *f*

es dilatometría derivada

en derivate dilatometry,
derivative thermodilatometry

Dilatometria consistent a mesurar, en funció de la temperatura, la primera derivada del volum d'una substància respecte de la temperatura.

552 **dilatometria diferencial** *f*

es dilatometría diferencial
en differential dilatometry,
differential thermodilatometry

Dilatometria consistent a mesurar, en funció de la temperatura, la diferència de volum entre la substància que s'examina i les substàncies de referència.

553 **dilució** *f*

es dilución
en dilution

Procés mitjançant el qual s'augmenta la proporció de solvent respecte al solut d'una solució.

554 **dilució isotòpica** *f*

es dilución isotópica
en isotope dilution

Mètode analític per a determinar quantitativament els elements o composts presents en mescles complexes per addició a aquests d'una quantitat pesant d'un isòtop radioactiu de l'element a determinar, i per a mesurar-ne l'activitat final.

555 **diluent** *m*

es diluyente
en diluent

Solvent inert que s'utilitza en extracció per a millorar les propietats físiques o les propietats extractores de l'agent extractant.

556 **diluent** *m*

es diluyente
en diluent

Solvent inert que s'utilitza per a disminuir la concentració de l'analit en una solució.

557 **diluent espectroquímic** *m*

es diluyente espectroquímico
en spectrochemical diluent

Diluent que serveix fonamentalment per a augmentar el volum d'una mostra i facilitar-ne la manipulació.

558 **diluir** *v tr*

es diluir
en dilute, to

Disminuir la concentració d'una substància sòlida, líquida o gasosa per dilució, especialment en una solució.

559 **dínode** *m*

es dínodo
en dynode

Elèctrode secundari de certs tubs electrònics destinat especialment a fornir una emissió secundària d'electrons.

560 **díode** *m*

es diodo
en diode

Dispositiu electrònic proveït de dos elèctrodes que té la propietat d'ésser conductor en el sentit càtode-ànode, però no en el sentit invers.

561 **dismutació** *f*
sin. compl. **desproporcionació**

es desproporción, dismutación
en dismutation, disproportionation

Reacció en la qual un element en un estat d'oxidació dóna un producte que conté aquest element en un estat d'oxidació més alt i un altre que el conté en un estat d'oxidació més baix.

562 **dispersió** *f*

es dispersión
en scattering

Deflexió de partícules incidents, electrons, fotons, etc., a causa de la col·lisió amb d'altres partícules.

563 **dispersió** *f*

es dispersión
en dispersion

Sistema heterogeni format per dues fases o més en el qual la fase dispersa és en suspensió en el medi de dispersió, que pot ésser un líquid, un sòlid o un gas.

564 **dispersió angular** *f*

es dispersión angular
en angular dispersion

Mesurament angular de la resolució de ratlles espectrals donada pel quocient entre l'angle de deflexió d'una ratlla espectral determinada i la seva longitud d'ona en passar per un sistema dispersiu.

565 **dispersió angular d'un cristall analitzador** *f*

es dispersión angular de un cristal analizador
en angular dispersion of an analysing crystal

Capacitat d'un cristall analitzador per a separar les longituds d'ona de dos raigs X propers en un camp determinat.

566 **dispersió lineal** *f*

es dispersión lineal
en linear dispersion

Mesura lineal de la resolució de ratlles espectrals donada pel quocient entre la desviació en la direcció de l'enregistrament de les ratlles espectrals i la seva longitud d'ona en passar per un sistema dispersiu.

567 **dispersió lineal recíproca** *f*

es dispersión lineal recíproca
en reciprocal linear dispersion

Inversa de la dispersió lineal.

568 **dispersió òptica** *f*

es dispersión óptica
en optical dispersion

Variació de l'índex de refracció d'una substància en funció de la longitud d'ona de la llum incident.

569 **dispersió Raman** *f*
veg. **efecte Raman**

570 **dispersió Rayleigh** *f*

es dispersión Rayleigh
en Rayleigh scattering

Dispersió elàstica de la llum en diverses direccions per la interacció amb les molècules de la mostra que són en la direcció del feix, de tal manera que l'energia rotacional vibracional de les molècules no canvia i no es produeix cap diferència d'energia entre la llum incident i la dispersada.

571 **dispersió rotatòria òptica** *f*

es dispersión rotatoria óptica
en optical rotatory dispersion

Variació de l'angle de rotació del pla de polarització de la llum polaritzada en un pla produïda per una molècula òpticament activa, en funció de la longitud d'ona de la llum.

572 **dissociació** *f*

es disociación
en dissociation

Divisió d'una molècula en fragments més petits.

573 **dissociació tèrmica** *f*

es disociación térmica
en thermal dissociation

Dissociació que té lloc a una temperatura elevada.

574 **dissoluble** *adj*
veg. **soluble**

575 **dissolució** *f*

es disolución
en dissolution

Procés mitjançant el qual una substància, un solut, es dispersa en un altre, un solvent, i dóna un sistema homogeni, una solució.

576 **dissolvent** *m*
veg. **solvent**

577 **distància de la fase mòbil** *f*
veg. **distància de migració del solvent**

578 **distància de migració del solvent** *f*
sin. compl. **distància de la fase mòbil**

es distancia de la fase móvil, distancia de migración del solvente
en mobile phase distance, solvent migration distance

Distància recorreguda pel front d'un solvent en un procés de separació cromatogràfica.

579 **distribució a contracorrent** *f*

es distribución a contracorriente
en countercurrent distribution

Mètode analític de distribució líquid-líquid en què els dos solvents immiscibles es mouen en direccions oposades al llarg d'un conducte que permet múltiples extraccions acoblades.

580 **distribució de Gauss** *f*
sin. **distribució normal**

es distribución de Gauss, distribución normal
en Gaussian distribution, normal distribution

Distribució de probabilitat d'una variable aleatòria contínua la funció de densitat de probabilitat de la qual correspon a l'expressió matemàtica donada per Gauss, i que té una representació gràfica simètrica respecte a la seva mitjana aritmètica.

581 **distribució líquid-líquid** *f*
sin. compl. **partició entre dos líquids**

es distribución líquido-líquido, reparto entre dos líquidos
en liquid-liquid distribution, partition between two liquids

Procés de transferència d'una substància dissolta des d'una fase líquida a una altra fase líquida immiscible, que s'aplica en processos de separació i de concentració.

Nota: Els termes *extracció líquida* i *extracció per solvent* no són recomanats per la IUPAC.

582 **distribució normal** *f*
sin. **distribució de Gauss**

583 **divisor de feix** *m*

es divisor de haz
en beam chopper

Dispositiu, generalment un mirall giratori, que dirigeix alternadament el feix de llum cap a la cel·la de referència i cap a la cel·la problema en un espectrofotòmetre de doble feix.

584 **DME** *m*
veg. **elèctrode de gotes de mercuri**

es DME
en DME

585 **doble capa** *f*
veg. **doble capa elèctrica**

586 **doble capa** *f*
veg. **doble capa elèctrica**

587 **doble capa elèctrica** *f*
sin. compl. **doble capa**

es doble capa, doble capa eléctrica
en double layer, electrical double layer

Regió que comprèn la superfície d'una partícula carregada i l'atmosfera iònica de càrrega oposada que l'envolta en la solució.

588 **doble capa elèctrica** *f*
sin. compl. **doble capa**

es doble capa, doble capa eléctrica
en double layer, electrical double layer

Regió a la interfície elèctrode-solució en una cel·la electroquímica, on es manifesta una diferència de potencial originada per la separació de càrregues que té lloc en el procés electròdic.

589 **dosificador** *m*

es dosificador
en dosimeter

Aparell que, mitjançant una càrrega i descàrrega simple i ràpida, dóna un volum de líquid determinat que és cada vegada el mateix volum.

590 **DTA** *f*
veg. **anàlisi tèrmica diferencial**

es DTA
en DTA

591 **DTG** *f*
veg. **termogravimetria derivada**

es DTG
en DTG

592 **duresa carbònica** *f*
sin. **duresa temporal**

es dureza de carbonatos, dureza temporal
en carbonate hardness, temporary hardness

Duresa de l'aigua, deguda al contingut de bicarbonats, que pot ésser eliminada per ebullició.

593 **duresa de l'aigua** *f*

es dureza del agua
en water hardness

Qualitat de l'aigua deguda al seu contingut d'ions de metalls pesants, principalment d'ions de calci i magnesi.

594 **duresa magnèsica** *f*

es dureza magnésica
en magnesium hardness

Duresa de l'aigua deguda a la presència d'ions de magnesi.

595 **duresa permanent** *f*

es dureza permanente
en non-carbonate hardness, permanent hardness

Duresa de l'aigua, deguda principalment a la presència de sulfats, clorurs i silicats, que no pot ésser eliminada per ebullició.

596 **duresa temporal** *f*
sin. **duresa carbònica**

597 **duresa total** *f*

es dureza total
en total water hardness

Suma de la duresa temporal i de la duresa permanent de l'aigua.

E

598 **ebullioscopi** *m*

es ebulloscopio
en ebullioscope

Aparell per a mesurar determinades propietats físiques o químiques de líquids, soluts o solucions, a partir de l'observació de la desviació experimentada pel punt d'ebullició del sistema amb relació al del líquid pur, prèviament conegut.

599 **EDTA** *m*
veg. **àcid etilendiaminotetracètic**

es EDTA
en EDTA

600 **efecte anivellador** *m*

es efecto nivelador
en levelling effect

Efecte d'un solvent que és capaç d'igualar la força de totes les bases o la força de tots els àcids que són més forts que un determinat valor característic del solvent.

601 **efecte Auger** *m*

es efecto Auger
en Auger effect

Emissió d'electrons dels nivells d'energia interns d'un àtom quan les posicions vacants de les capes electròniques més internes són ocupades per electrons més externs amb producció de fotons.

602 **efecte de l'ió comú** *m*

es efecto del ion común
en common ion effect

Desplaçament de l'equilibri d'una reacció iònica per efecte d'un excés d'un ió comú.

Nota: S'aplica a la disminució de la solubilitat d'un precipitat a causa de la presència en la solució d'un excés d'un ió comú amb els del precipitat.

603 **efecte de matriu** *m*

es efecto de matriz
en matrix effect

Efecte combinat que els diversos constituents d'una matriu poden exercir en el resultat de l'anàlisi de l'element a analitzar.

604 **efecte de ressonància Raman** *m*

es efecto de resonancia Raman
en Raman ressonance effect

Efecte Raman en què la freqüència d'excitació de la font de radiació Raman se selecciona a prop o en la regió d'absorció d'una molècula i causa un acreixement de l'espectre Raman.

605 **efecte Doppler** *m*

es efecto Doppler
en Doppler effect

Fenomen que consisteix en el canvi de la freqüència observada d'una ona degut al moviment relatiu de la font d'ones respecte de l'observador.

606 **efecte inductiu** *m*

es efecto inductivo
en inductive effect

Efecte experimentalment observable d'una transmissió de càrrega al llarg d'una cadena d'àtoms mitjançant inducció electrostàtica.

607 **efecte mesòmer** *m*

es efecto mesómero
en mesomeric effect

Efecte que produeix un substituent sobre la reactivitat d'una molècula degut a la interpenetració dels orbitals atòmics o moleculars del substituent amb els de la resta de la molècula.

608 **efecte Mössbauer** *m*

es efecto Mössbauer
en Mössbauer effect

Fenomen nuclear que consisteix en l'emissió elàstica de raigs gamma per un nucli en una matriu sòlida i l'absorció d'aquests raigs gamma per altres nuclis atòmics pròxims.

609 **efecte piezoelèctric** *m*

es efecto piezoeléctrico
en piezoelectric effect

Fenomen que consisteix en la generació d'una diferència de potencial elèctric entre les cares oposades de determinats cristalls en ésser deformats mecànicament.

610 **efecte piroelèctric** *m*

es efecto piroeléctrico
en pyroelectric effect

Fenomen que consisteix en l'aparició d'una diferència de potencial entre les cares de determinats cristalls en ésser escalfats o refredats.

611 **efecte quelat** *m*

es efecto quelato
en chelate effect

Fenomen que consisteix en l'increment de l'estabilitat d'un complex metàl·lic quelat, format amb un lligand multidentat, respecte a la que té el complex en què el mateix nombre de posicions de coordinació són cobertes per àtoms de la mateixa mena pertanyents a lligands monodentats.

612 **efecte Raman** *m*
sin. compl. **dispersió Raman**

es dispersión Raman, efecto Raman
en Raman effect, Raman scattering

Dispersió no elàstica de la radiació visible o ultraviolada quan aquesta xoca amb les molècules d'una substància, les quals poden perdre o guanyar energia de manera que la radiació dispersada i la radiació incident difereixen en freqüència en quantitats discretes corresponents a canvis vibracionals o rotacionals o canvis en la polaritzabilitat de la molècula quan interacciona amb el camp electromagnètic.

613 **efecte Raman estimulat** *m*

es efecto Raman estimulado
en stimulated Raman effect

Efecte Raman produït per polsos de llum molt intensa emesos per un làser de robí de manera que la intensitat de l'efecte Raman és molt més gran.

614 **efecte termoelèctric** *m*

es efecto termoeléctrico
en thermoelectric effect

Fenomen que consisteix en la generació d'una força electromotriu entre dos metalls diferents units o soldats quan hi ha una diferència de temperatura entre aquests.

615 **efecte Zeeman** *m*

es efecto Zeeman
en Zeeman effect

Desdoblament dels nivells d'energia d'un àtom o molècula per l'acció d'un camp magnètic extern, que resulta en un desdoblament de les ratlles espectrals emeses per aquell àtom.

616 **eficàcia d'atomització** *f*

es eficacia de atomización
en efficiency of atomization

Quocient entre la quantitat d'analit que passa en forma d'àtoms neutres lliures o ionitzats per la secció de la flama situada a l'alçada d'observació, i la quantitat total d'analit aspirada.

617 **eficàcia de fluorescència** *f*

es eficacia de fluorescencia
en efficiency of fluorescence

Quocient entre el flux radiant reemès i el flux radiant primari absorbit.

618 **eficàcia de la columna** *f*

es eficacia de la columna
en column efficiency

Mesura de la capacitat de separació d'una columna cromatogràfica a partir de la posició dels pics cromatogràfics i de la seva amplada expressada per mitjà del nombre de plats teòrics.

619 **eficàcia de nebulització** *f*

es eficacia de nebulización
en efficiency of nebulization

Quocient entre la quantitat d'analit que entra a la flama i la quantitat total d'analit aspirada.

620 **eficàcia lluminosa** *f*

es eficacia luminosa
en luminous efficiency

Quocient entre el flux lluminós i el flux energètic radiant corresponent en una radiació.

621 **efluent** *m*

es efluente
en effluent

Líquid o gas que surt d'una columna cromatogràfica.

622 **einstein** *m*

es einstein
en einstein

Unitat d'energia lumínica, utilitzada en fotoquímica, que és igual a l'energia d'un fotó, a la freqüència considerada, multiplicada per la constant d'Avogadro, és a dir, que és igual a l'energia d'un mol de fotons.

623 **eixamplament per efecte de pressió** *m*

es ensanchamiento por efecto de presión
en pressure broadening

Eixamplament de les ratlles espectrals produït per col·lisions entre les molècules en espectroscòpia.

624 **electró Auger** *m*

es electrón Auger
en Auger electron

Electró emès per l'efecte Auger.

625 **electró de conducció** *m*

es electrón de conducción
en conduction electron

Electró situat en la banda de conducció d'un sòlid.

626 **electroanàlisi** *f*
veg. **anàlisi electroquímica**

627 **elèctrode** *m*

es electrodo
en electrode

Cadascun dels conductors elèctrics en una cel·la electroquímica a través dels quals pot entrar o sortir un corrent elèctric en un medi sòlid, una dissolució electrolítica, una substància fosa, un gas o el buit.

628 **elèctrode auxiliar** *m*

es electrodo auxiliar
en auxiliary electrode,
counter electrode

Elèctrode que, associat amb l'elèctrode de treball, permet que circuli el corrent a través d'una cel·la.

629 **elèctrode combinat** *m*

es electrodo combinado
en combination electrode

Instrument que incorpora un elèctrode selectiu d'ions i un de referència en un mateix muntatge, tot estalviant de posar l'elèctrode de referència per separat.

630 **elèctrode cristal·lí** *m*

es electrodo cristalino
en crystalline electrode

Elèctrode selectiu d'ions amb una membrana cristal·lina.

631 **elèctrode d'argent/clorur d'argent** *m*

es electrodo de plata/cloruro de plata
en silver/silver chloride electrode

Elèctrode que consisteix en un disc d'argent recobert amb un dipòsit prim de clorur d'argent i submergit en una solució aquosa d'ions clorur de concentració coneguda, que generalment és utilitzat com a elèctrode de referència.

632 **elèctrode d'hidrogen** *m*
veg. **elèctrode de gas hidrogen**

633 **elèctrode d'oxigen** *m*
veg. **elèctrode de Clark**

634 **elèctrode de calomelans** *m*

es electrodo de calomelanos
en calomel electrode

Elèctrode de referència en el qual el mercuri està recobert d'una pasta de clorur de mercuri(I) i mercuri, en contacte amb una solució aquosa d'ions clorur de concentració coneguda i saturada de clorur de mercuri(I).

635 **elèctrode de calomelans saturat** *m*
sigla **SCE**

es electrodo de calomelanos saturado
en saturated-calomel electrode

Elèctrode de calomelans en el qual la solució aquosa és saturada amb clorur de potassi.

636 **elèctrode de capa d'aire** *m*

es electrodo de capa de aire
en air-gap electrode

Elèctrode sensible als gasos en el qual l'elèctrode selectiu d'ions, l'elèctrode de referència i la capa interna de l'electròlit són separats de la solució a assajar per mitjà d'una cambra d'aire i d'una membrana permeable als gasos.

637 **elèctrode de Clark** *m*
sin. compl. **elèctrode d'oxigen, sensor d'oxigen**

es electrodo de Clark,
electrodo de oxígeno,
sensor de oxígeno
en Clark electrode, oxygen electrode,
oxygen sensor

Sensor per a mesurar l'oxigen dissolt.

638 **elèctrode de disc rotatori** *m*

es electrodo de disco rotatorio
en rotating disk electrode

Elèctrode metàl·lic que té una cara llisa en contacte amb la solució i que gira contínuament accionat per un motor sincrònic per a portar analit nou a la superfície de l'elèctrode.

639 **elèctrode de gas hidrogen** *m*
sin. compl. **elèctrode d'hidrogen**

es electrodo de gas hidrógeno,
electrodo de hidrógeno
en hydrogen electrode,
hydrogen gas electrode

Elèctrode de platí recobert de negre de platí a la superfície del qual arriba un corrent de gas hidrogen i que és submergit en una solució que conté ions d'hidrogen.

640 **elèctrode de gota penjant de mercuri** *m*
sigla **HMDE**

es electrodo de gota de mercurio suspendida
en hanging mercury drop electrode

Elèctrode que consisteix en una gota de mercuri que penja de la punta d'un tub capil·lar ple de mercuri.

641 **elèctrode de gotes de mercuri** *m*
sigla **DME**

es electrodo de gotas de mercurio
en dropping-mercury electrode

Elèctrode que consisteix en gotes de mercuri que cauen d'un tub capil·lar molt fi, col·locat verticalment, pel qual es fa passar un flux constant de mercuri.

642 **elèctrode de membrana heterogènia** *m*

es electrodo de membrana heterogénea
en heterogeneous membrane electrode

Elèctrode cristal·lí format per una substància activa, o una mescla de substàncies actives, mesclades amb una matriu inerta, com goma de silicona o clorur de polivinil, o aplicades sobre grafit hidrofobitzat, per tal d'obtenir una membrana sensora de natura heterogènia.

643 **elèctrode de membrana homogènia** *m*

es electrodo de membrana homogénea
en homogeneous membrane electrode

Elèctrode cristal·lí selectiu d'ions en el qual la membrana és un material cristal·lí preparat, ja sigui a partir d'un únic compost, ja sigui a partir d'una mescla homogènia de composts.

644 **elèctrode de quinhidrona** *m*

es electrodo de quinhidrona
en quinhydrone electrode

Elèctrode sensible als ions hidrogen que consisteix en un elèctrode inert submergit en una solució saturada de quinhidrona.

645 **elèctrode de referència** *m*

es electrodo de referencia
en reference electrode

Elèctrode que manté un potencial pràcticament invariable en les condicions imperants en un mesurament electroquímic i que permet el mesurament, l'observació o el control del potencial de l'elèctrode indicador.

646 **elèctrode de referència intern** *m*

es electrodo de referencia interno
en internal reference electrode

Elèctrode de referència que és situat a l'interior d'un elèctrode selectiu d'ions.

647 **elèctrode de substrat enzimàtic** *m*
sin. compl. **elèctrode enzimàtic**

es electrodo de enzimas, electrodo de sustrato enzimático, electrodo enzimático
en enzyme electrode, enzyme substrate electrode

Elèctrode selectiu d'ions cobert amb una capa que conté un enzim, el qual causa una reacció amb una substància orgànica o inorgànica que actua com a substrat i produeix una espècie a la qual l'elèctrode respon.

648 **elèctrode de superfície modificada** *m*

es electrodo de superficie modificada
en surface-modified electrode

Elèctrode a la superfície del qual s'han produït modificacions mitjançant reaccions químiques per tal d'aconseguir-ne la resposta desitjada.

649 **elèctrode de treball** *m*
veg. **elèctrode indicador**

650 **elèctrode de vidre** *m*

es electrodo de vidrio
en glass electrode

Elèctrode selectiu d'ions en el qual la membrana sensora és de vidre prim, en forma de bulb, que és situat al final d'un tub de vidre i que conté una solució àcida de composició constant i un elèctrode de referència intern.

Nota: L'elèctrode de vidre és el dispositiu de mesura de pH més utilitzat.

651 **elèctrode enzimàtic** *m*
veg. **elèctrode de substrat enzimàtic**

652 **elèctrode estàndard de gas hidrogen** *m*
sigla **SHE**

es electrodo normal de hidrógeno
en normal hydrogen electrode, standard hydrogen electrode

Elèctrode de gas hidrogen en què la pressió parcial del gas hidrogen és igual a 1 atmosfera i l'activitat dels ions d'hidrogen en la solució és igual a la unitat.

653 **elèctrode indicador** *m*
sin. compl. **elèctrode de treball**

es electrodo de trabajo, electrodo indicador
en indicator electrode, working electrode

Elèctrode que s'utilitza per a determinar la concentració o per a detectar canvis en la concentració d'una substància electroactiva mitjançant el mesurament del potencial de l'elèctrode o del corrent que hi circula.

654 **elèctrode indicador de gas** *m*
sin. **elèctrode sensible a gas**

es electrodo indicador de gas, electrodo sensible a gas
en gas sensing electrode

Elèctrode compost d'un elèctrode indicador i un de referència i d'una membrana permeable a gasos o d'una cambra d'aire que separa la solució a assajar d'una pel·lícula de solució intermediària.

655 **elèctrode no cristal·lí** *m*

es electrodo no cristalino
en non-crystalline electrode

Elèctrode que conté un suport amb una espècie iònica o amb una espècie no carregada que forma la membrana selectiva d'ions, que usualment és interposada entre dues solucions aquoses, i que forneix una resposta deguda al bescanvi iònic en la membrana.

656 **elèctrode no polaritzable** *m*

es electrodo no polarizable
en nonpolarizable electrode

Elèctrode el potencial del qual roman gairebé constant, encara que hi circuli corrent.

657 **elèctrode polaritzable** *m*

es electrodo polarizable
en polarizable electrode

Elèctrode el potencial del qual és susceptible de canviar ràpidament quan comença a circular-hi corrent.

658 **elèctrode redox** *m*

es electrodo redox
en redox electrode

Elèctrode químicament inert submergit en una solució que conté ambdós estats, el d'oxidació i el de reducció, d'un sistema redox reversible, i que s'utilitza per a mesurar-ne el potencial redox.

659 **elèctrode selectiu d'ions** *m*

es electrodo selectivo de iones
en ion-selective electrode

Elèctrode el potencial del qual és linealment dependent del logaritme de l'activitat d'un ió determinat present en solució.

660 **elèctrode selectiu d'ions de membrana líquida** *m*

es electrodo selectivo de iones con intercambiador líquido
en liquid membrane ion selective electrode

Elèctrode selectiu d'ions amb una membrana hidròfoba que separa l'elèctrode de referència intern de la solució de l'analit.

661 **elèctrode selectiu d'ions de membrana sòlida** *m*

es electrodo selectivo de iones de membrana sólida
en solid-state membrane ion-selective electrode

Elèctrode selectiu d'ions constituït per una membrana sòlida feta de cristall o una mescla de cristalls de sals inorgàniques, a la superfície dels quals s'estableix un equilibri de bescanvi iònic amb la solució aquosa.

662 **elèctrode selectiu d'ions sensibilitzat** *m*

es electrodo selectivo de iones sensibilizado
en sensitized ion-selective electrode

Elèctrode selectiu d'ions constituït per ions que són sensibilitzats per a una substància en particular, com ara un gas, un enzim o un substrat.

663 **elèctrode sensible a gas** *m*
sin. **elèctrode indicador de gas**

664 **electrodeposició** *f*

es electrodeposición
en electrodeposition

Procés pel qual una substància es diposita en l'ànode o en el càtode d'una cel·la d'electròlisi com a resultat d'una reacció electròdica provocada pel pas de corrent elèctric.

665 **electrodeposició de metalls** *f*

es electrodeposición de metales
en electrodeposition of metals

Procés electrolític pel qual ions metàl·lics són reduïts a metall en el càtode de la cel·la d'electròlisi.

666 **electroforesi** *f*

es electroforesis
en electrophoresis

Mètode de separació d'una mescla de partícules amb càrrega elèctrica en solució, basat en les seves diferents velocitats de migració en ésser sotmesa la solució a l'acció d'un camp elèctric.

667 **electrografia** *f*

es electrografía
en electrography

Mètode analític consistent en la redissolució anòdica o catòdica d'una substància des d'un elèctrode sòlid cap a un electròlit contingut en un medi porós, la qual cosa permet la identificació i la determinació del producte redissolt.

668 **electrogravimetria** *f*

es electrogravimetría
en electrogravimetry

Mètode analític consistent a determinar la quantitat o la concentració de substància a analitzar a partir del mesurament de la massa de substància dipositada per electròlisi a l'elèctrode de treball.

669 **electrogravimetria de potencial controlat** *f*

es electrogravimetría a potencial controlado
en controlled potencial electrogravimetry

Electrogravimetria en què la deposició de la substància en l'elèctrode de treball té lloc aplicant-hi un potencial constant o variable amb el temps segons un programa establert.

670 **electrogravimetria espontània** *f*
veg. **electrogravimetria interna**

671 **electrogravimetria interna** *f*
sin. compl. **electrogravimetria espontània**

es electrogravimetría espontánea, electrogravimetría interna
en internal electrogravimetry, spontaneous electrogravimetry

Electrogravimetria en què la deposició de la substància en l'elèctrode de treball té lloc de forma espontània, sense necessitat d'aplicar-hi des de l'exterior cap diferència de potencial.

672 **electròlisi** *f*

es electrólisis
en electrolysis

Descomposició química produïda per l'acció del corrent elèctric.

673 **electròlisi d'intensitat constant** *f*
veg. **electròlisi de corrent constant**

674 **electròlisi de corrent constant** *f*
sin. compl. **electròlisi d'intensitat constant**

es electrólisis a corriente constante, electrólisis a intensidad constante
en constant-current electrolysis

Electròlisi en la qual circula un corrent constant entre l'elèctrode de treball i l'elèctrode auxiliar.

675 **electròlisi de potencial constant** *f*

es electrólisis a potencial constante
en constant-potential electrolysis

Electròlisi en la qual la tensió entre l'elèctrode de treball i l'elèctrode auxiliar es manté constant.

676 **electròlisi de potencial controlat** *f*

es electrólisis a potencial controlado
en controlled-potential electrolysis

Electròlisi en la qual el potencial de l'elèctrode de treball respecte a l'elèctrode de referència es manté constant o es varia segons un programa preestablert.

677 **electròlit** *m*

es electrólito
en electrolyte

Substància que, fosa o dissolta en un solvent ionitzant, es dissocia donant ions i esdevé conductora de l'electricitat.

678 **electròlit feble** *m*

es electrólito débil
en weak electrolyte

Electròlit que en solució es dissocia només parcialment en els seus ions i aquests resten en equilibri amb l'electròlit no dissociat.

679 **electròlit fort** *m*

es electrólito fuerte
en strong electrolyte

Electròlit que en solució es dissocia totalment en els seus ions.

680 **electròlit suport** *m*

es electrólito soporte
en supporting electrolyte

Electròlit que s'afegeix en excés, respecte a les espècies electroactives, en una solució que s'ha de sotmetre a determinades tècniques electroanalítiques, com les voltamperomètriques, per tal de disminuir l'efecte de la migració dels ions en un camp elèctric i reduir la resistència de la solució.

681 **electroluminescència** *f*

es electroluminiscencia
en electroluminescence

Luminescència produïda per l'aplicació d'un camp elèctric a un material, generalment sòlid.

682 **electròmetre** *m*

es electrómetro
en electrometer

Instrument per a mesurar diferències de potencial basat en les accions electrostàtiques entre dues plaques o peces entre les quals és aplicada la diferència de potencial a mesurar.

683 **electròmetre d'elèctrode vibrant** *m*

es electrómetro de electrodo vibrante
en vibrating reed electrometer

Dispositiu de mesurament de corrents dèbils que utilitza un elèctrode vibrant que forma part de l'armadura d'un condensador que té una capacitat periòdicament variable i que permet de modular el senyal i procedir a la seva amplificació com a corrent altern, i que és utilitzat en espectrometria de masses.

684 **electroquímica** *f*

es electroquímica
en electrochemistry

Branca de la química que estudia els sistemes i els processos en què es produeix interconversió entre l'energia química i l'energia elèctrica.

685 **element de referència** *m*

es elemento de referencia
en reference element

Constituent que s'afegeix a una

mostra, o que hi és present, que actua com a referent en una anàlisi.

686 **eluat** *m*

es eluato
en eluate

Efluent que emergeix d'un llit cromatogràfic quan es duu a terme una elució.

687 **elució** *f*

es elución
en elution

Procés pel qual una fase mòbil que circula per una fase estacionària transporta, a velocitats diferents, els components de la mostra al llarg del llit cromatogràfic fins a la sortida de la columna cromatogràfica.

688 **elució en etapes** *f*

es elución por pasos
en stepwise elution

Elució en què s'utilitzen successivament dos o més eluents de composició diferent per a eluir els diferents components de la mostra en una sola operació cromatogràfica.

689 **elució isocràtica** *f*

es elución isocrática
en isocratic elution

Elució en què la composició de l'eluent és constant al llarg d'una operació cromatogràfica.

690 **elució per gradient** *f*

es elución con gradiente
en gradient elution

Elució en què la composició de l'eluent es modifica d'una forma contínua al llarg d'una operació cromatogràfica.

691 **elució selectiva** *f*

es elución selectiva
en selective elution

Elució en què s'utilitza un eluent que actua específicament sobre un component o diversos, però que no afecta els altres components d'una manera important.

692 **eluent** *m*

es eluyente
en eluant, eluent

Substància líquida o gasosa que travessa un llit cromatogràfic per tal de produir una separació per elució.

693 **eluotròpic -a** *adj*

es eluotrópico
en eluotropic

Dit de la capacitat d'un solvent d'arrossegar els soluts retinguts en la fase estacionària d'un sistema cromatogràfic.

694 **embut** *m*

es embudo
en funnel

Instrument en forma, generalment, de con buit invertit amb un tub en el vèrtex, que és utilitzat per a introduir més fàcilment líquids o sòlids en recipients de coll estret o com a suport de paper de filtre o d'una altra matèria filtrant quan es duu a terme una filtració.

695 **embut de Büchner** *m*

es embudo de Büchner
en Büchner funnel

Embut de filtració, generalment de porcellana, la part col·lectora del qual és cilíndrica i resta separada del tub per una placa amb perforacions que serveix de suport al paper de filtre, i que s'utilitza, conjuntament amb un matràs de filtració, per a filtrar a pressió disminuïda.

696 **embut de decantació** *m*
sin. compl. **embut de separació**

es embudo de decantación, embudo de separación
en separatory funnel

Instrument en forma de pera amb una boca a la part superior i amb un tub amb clau de pas a la part inferior, que s'utilitza en les extraccions principalment per a facilitar el sacseig i la separació d'una de les fases.

697 **embut de filtració** *m*

es embudo de filtración
en filtration funnel

Embut on es col·loca un paper de filtre o una altra matèria filtrant i que s'utilitza per a dur a terme una filtració.

698 **embut de Gooch** *m*

es embudo de Gooch
en Gooch funnel

Adaptador en forma d'embut cilíndric, a la part superior del qual, per mitjà d'una volandera de goma, es fixa un gresol filtrant i a la inferior, un matràs de filtració, amb la qual cosa s'obté un sistema de filtració amb succió del gresol.

699 **embut de separació** *m*
veg. **embut de decantació**

700 **emissió estimulada** *f*

es emisión estimulada
en stimulated emission

Procés pel qual un primer fotó que col·lisiona amb un àtom excitat produeix l'emissió d'un segon fotó de la mateixa energia que el primer.

701 **emissivitat radiant** *f*

es emisividad radiante
en radiant emissivity

Quocient que resulta de dividir l'energia radiant emesa per un objecte real i l'emesa pel cos negre teòric a la mateixa temperatura.

702 **emitància** *f*
veg. **excitància**

703 **emmascarant** *m*
veg. **agent emmascarant**

704 **empenyiment aerostàtic** *m*

es empuje aerostático
en buoyancy

Força, en sentit contrari a la força de la gravetat, igual al pes de l'aire desallotjat per un objecte a causa del seu propi volum.

Nota: Aquesta força fa que la massa mesurable d'un objecte, en ésser pesat a l'aire en una balança analítica, sigui menor que la massa real.

705 **emulsió** *f*

es emulsión
en emulsion

Sistema col·loïdal en el qual la fase dispersa i la fase contínua són líquides.

706 **encreuament** *m*

es entrecruzamiento
en cross-linking

Unió de molècules de polímers lineals per un sistema d'enllaços químics primaris per a formar una xarxa tridimensional.

707 **energia d'activació** *f*

es energía de activación
en activation energy

Energia que, aplicada a un sistema, permet que es produeixi un procés determinat.

708 **energia d'aparició** *f*
veg. **potencial d'aparició**

709 **energia d'excitació** *f*
veg. **potencial d'excitació**

710 **energia d'ionització** *f*
veg. **potencial d'ionització**

711 **energia de dissociació** *f*
veg. **potencial de dissociació**

712 **energia interna** *f*

es energía interna
en internal energy

Energia global (cinètica, potencial i intermolecular) de les molècules que componen un sistema macroscòpic avaluada en el sistema de referència en què aquest és en repòs.

713 **energia interna** *f*

es energía interna
en internal energy

Funció termodinàmica d'estat dels sistemes macroscòpics, la variació de la qual ve donada per la suma de la calor subministrada sobre el sistema més el treball fet pel sistema.

714 **energia lliure de Gibbs** *f*
sin. compl. **entalpia lliure**

es energía libre de Gibbs, entalpía libre
en free enthalpy, Gibbs free energy

Funció termodinàmica d'un estat definida com l'energia interna menys el producte de l'entropia per la temperatura absoluta i que mesura la capacitat d'un sistema per a realitzar un treball.

Nota: El seu símbol és *G*.

715 **energia lluminosa** *f*

es energía luminosa
en luminous energy

Energia radiant total emesa per una font lluminosa com a producte del flux lluminós per la seva durada.

Nota: Es mesura en lúmens hora.

716 **energia radiant** *f*

es energía radiant
en radiant energy

Energia que es propaga per mitjà d'ones a través de l'espai o d'algun medi sense implicar transferència de matèria.

Nota: El seu símbol és *Q*.

717 **ennegriment** *m*

es ennegrecimiento
en blackening

Logaritme decimal de la inversa de la transmitància fotogràfica.

Nota: El seu símbol és *S*.

718 **entalpia** *f*

es entalpía
en enthalpy

Funció termodinàmica d'un estat que és la suma de l'energia interna més la pressió pel volum.

Nota: El seu símbol és *H*.

719 **entalpia lliure** *f*
veg. **energia lliure de Gibbs**

720 **entropia** *f*

es entropía
en entropy

Funció termodinàmica d'un estat, el canvi de la qual en qualsevol procés reversible diferencial és igual a la calor absorbida pel sistema del seu entorn dividida per la temperatura absoluta del sistema i que permet predir el sentit en què es poden produir els processos en els sistemes aïllats.

Nota: El seu símbol és *S*.

721 **envelliment** *m*

es envejecimiento
en aging

Modificació de les propietats d'un precipitat a conseqüència del pas del temps, com ara la pèrdua d'aigua d'hidratació, l'augment de la cristal·linització, el creixement dels cristalls, etc.

722 **EPR** *f*
veg. **ressonància de spin electrònic**

es EPR
en EPR

723 **equació d'Arrhenius** *f*

es ecuación de Arrhenius
en Arrhenius equation

Equació que dóna el valor de la constant de velocitat d'una reacció en funció de la temperatura.

724 **equació d'Ilkovic** *f*

es ecuación de Ilkovic
en Ilkovic equation

Equació fonamental de la polarografia que relaciona la intensitat del corrent límit que circula per l'elèctrode de gotes de mercuri amb la concentració de la substància electroactiva en la solució.

725 **equació de Debye-Hückel** *f*

es ecuación de Debye-Hückel
en Debye-Hückel equation

Equació semiempírica que descriu la relació entre el coeficient d'activitat mitjà d'un electròlit fort i la força iònica de la seva solució.

726 **equació de Henderson-Hasselbach** *f*

es ecuación de Henderson-Hasselbach

en Henderson-Hasselbach equation

Equació que es deriva de l'expressió logarítmica de la constant d'acidesa i que expressa la variació del valor del pH en un procés de neutralització en funció d'aquesta constant i de la relació entre les concentracions de les formes àcida i bàsica en equilibri.

727 **equació de Nernst** *f*

es ecuación de Nernst
en Nernst equation

Equació que descriu la relació entre el potencial d'un elèctrode i les activitats dels reactants que participen a la reacció electròdica de transferència d'electrons.

728 **equació de Nikolsky** *f*

es ecuación de Nikolsky
en Nikolsky equation

Equació de Nernst modificada que descriu la relació entre el potencial d'un elèctrode selectiu d'ions i les activitats de la substància d'interès i de les substàncies interferents.

729 **equació de van Deemter** *f*

es ecuación de van Deemter
en van Deemter equation

Equació que descriu la dependència de l'altura equivalent a un plat teòric d'una columna cromatogràfica amb la velocitat de la fase mòbil.

730 **equilibratge de la capa** *m*

es equilibración de la capa
en layer equilibration

Saturació de la fase estacionària amb la fase mòbil mitjançant els seus vapors en anàlisi cromatogràfica bidimensional.

731 **equilibri Donnan** *m*

es equilibrio Donnan
en Donnan equilibrium

Equilibri caracteritzat per una distribució desigual d'ions difusibles entre dues solucions iòniques, separades per una membrana impermeable com a mínim a una de les espècies iòniques presents.

732 **equilibri químic** *m*

es equilibrio químico
en chemical equilibrium

Estat d'un sistema químic en el qual la velocitat de la formació dels productes a partir dels elements reactants és igual a la velocitat de desaparició d'aquells productes per a formar novament els elements inicials de la reacció.

733 **equivalent electroquímic** *m*

es equivalente electroquímico
en electrochemical equivalent

Pes en grams d'un element o d'un compost alliberats electrolíticament pel pas d'un coulomb.

734 **equivalent en reaccions acidobàsiques** *m*

es equivalente en reacciones ácido-base
en acid-base reactions equivalent

Quantitat de reactiu que en una reacció determinada allibera una sola entitat d'ions hidrogen valorables, s'hi combina o de qualsevol forma hi és equivalent.

735 **equivalent en reaccions d'oxidació-reducció** *m*

es equivalente en reacciones de oxidación-reducción
en oxidation-reduction reactions equivalent

Quantitat de reactiu que en una reacció determinada allibera una sola entitat d'electrons, s'hi combina o de qualsevol forma hi és equivalent.

736 **equivalent gram** *m*

es equivalente-gramo
en gram equivalent

Pes en grams d'una substància igual al seu equivalent químic.

737 **equivalent químic** *m*

es equivalente químico
en chemical equivalent

Massa d'un reactiu que reacciona amb un mol de protons en reaccions acidobàsiques.

738 **equivalent químic** *m*

es equivalente químico
en chemical equivalent

Massa d'un reactiu que reacciona amb un mol d'electrons en reaccions d'oxidació-reducció.

739 **error** *m*

es error
en error

Diferència entre el resultat que s'obté en un mesurament i el seu valor real.

740 **error absolut** *m*

es error absoluto
en absolute error

Diferència entre el valor observat i el valor real d'una quantitat mesurada.

741 **error àcid** *m*

es error ácido
en acid error

Error que es produeix en solucions fortament àcides en el mesurament del pH mitjançant elèctrodes de vidre, en les quals aquests tendeixen a indicar valors de pH massa elevats.

742 **error alcalí** *m*

es error alcalino
en alkaline error

Error que es produeix en la mesura del pH mitjançant un elèctrode de vidre en solucions fortament bàsiques que contenen una concentració molt petita de H^+ i una molt gran d'ions alcalins, com ara Na^+.

743 **error aleatori** *m*

es error aleatorio
en random error

Diferència entre el valor observat i el valor real d'una quantitat determinada deguda a factors accidentals.

744 **error de paral·laxi** *m*

es error de paralaje
en parallax error

Error que té lloc en fer la lectura de la posició d'un índex sobre una escala quan la línia visual de l'observador no és dirigida perpendicularment a l'escala.

745 **error de valoració** *m*

es error de valoración
en titration error

Diferència entre la quantitat de reactiu valorant corresponent al punt final de la valoració observat experimentalment i la quantitat corresponent al punt d'equivalència real.

746 **error sistemàtic** *m*

es error sistemático
en systematic error

Desviació del valor mitjà d'una sèrie de mesuraments respecte al seu valor veritable, atribuïble al mètode i als instruments concrets amb què es realitza el mesurament.

747 **ES** *f*
veg. **espectrometria d'emissió**

es ES
en ES

748 **ESCA** *f*
veg. **espectrometria fotoelectrònica de raigs X**

es ESCA
en ESCA

749 **escletxa** *f*

es rendija
en slit

Obertura que limita l'amplada geomètrica d'un feix de llum espectral a través de la qual entra o emergeix la radiació procedent d'un instrument òptic.

750 **escuma** *f*

es espuma
en lather

Dispersió de gasos en un líquid o en un sòlid, generalment en la seva superfície, en forma de bombolles.

751 **esglaó** *m*

es escalón
en step

Canvi de posició de la línia de base en cromatogrames obtinguts amb detectors integrals.

752 **espàtula** *f*

es espátula
en spatula

Instrument en forma de ganivet, amb mànec de fusta, de vora de molt diverses formes, utilitzat per a agafar i manipular quantitats petites de sòlids.

753 **especificitat** *f*

es especificidad
en specificity

Característica d'una reacció d'identificació o d'un procediment analític quantitatiu consistent a donar resposta amb una sola espècie química i ésser exempt d'interferències.

754 **espectre** *m*

es espectro
en espectrum

Representació de la intensitat d'absorció o d'emissió de la radiació electromagnètica en funció de la seva longitud d'ona o de la seva freqüència.

755 **espectre atòmic** *m*

es espectro atómico
en atomic spectrum

Espectre de la radiació electromagnètica emesa o absorbida per una substància a conseqüència de les transicions electròniques entre els nivells energètics dels seus àtoms.

756 **espectre d'absorció** *m*

es espectro de absorción
en absorption spectrum

Espectre de la radiació electromagnètica que resulta del pas de l'energia radiant d'una font contínua a través d'un mitjà d'absorció selectiva.

757 **espectre d'emissió** *m*

es espectro de emisión
en emission spectrum

Espectre produït per l'emissió d'una radiació electromagnètica resultat de la relaxació d'àtoms excitats o molècules a nivells d'energia més baixos.

758 **espectre d'excitació** *m*

es espectro de excitación
en excitation spectrum

Espectre d'absorció d'un compost fluorescent que s'obté en variar la longitud d'ona d'excitació d'aquest, i en mesurar la intensitat de la seva emissió fluorescent a la longitud d'ona del màxim d'aquesta.

759 **espectre de masses** *m*

es espectro de masas
en mass spectrum

Espectre produït per un espectròmetre de masses constituït per una sèrie de pics cromatogràfics corresponents a ions de diferents valors del seu quocient massa-càrrega.

760 **espectre de microones** *m*

es espectro de microondas
en microwave spectrum

Espectre d'emissió o d'absorció d'una molècula en la regió de longituds d'ona de les microones, produït per les transicions entre nivells rotacionals diferents dins dels mateixos nivells vibracionals i electrònics.

761 **espectre de reflexió total atenuada** *m*

es espectro de reflexión total atenuada
en attenuated total reflectance spectrum

Representació de l'atenuació observada en funció de la longitud d'ona donada.

762 **espectre electromagnètic** *m*

es espectro electromagnético
en electromagnetic spectrum

Espectre compost per totes les radiacions electromagnètiques, des de les ones de ràdio més llargues fins als raigs còsmics d'ona més curta.

763 **espectre electrònic** *m*

es espectro electrónico
en electronic spectrum

Espectre produït per l'emissió o l'absorció de la radiació electromagnètica com a conseqüència de canvis en la configuració electrònica dels àtoms, dels ions o de les molècules.

764 **espectre molecular** *m*

es espectro molecular
en molecular spectrum

Espectre electromagnètic, bé d'emissió o d'absorció, produït per les transicions entre els nivells d'energia electrònica, vibracional o rotacional d'una molècula.

765 **espectre òptic** *m*

es espectro óptico
en optical spectrum

Espectre d'emissió o d'absorció de radiació electromagnètica de longituds d'ona en la regió de l'ultraviolat, del visible i de l'infraroig, associada amb les excitacions dels electrons de valència dels àtoms i les molècules i les vibracions i les rotacions de molècules.

766 **espectre Raman** *m*

es espectro Raman
en Raman spectrum

Espectre de radiació visible o ultraviolada dispersada per xocs inelàstics amb les molècules d'una substància, que produeix una sèrie de ratlles espectrals a determinades freqüències, desplaçades simètricament per sobre i per sota de la freqüència de la radiació incident i que és característica de cada molècula.

767 **espectre rotacional** *m*

es espectro rotacional
en rotational spectrum

Espectre molecular corresponent a les transicions entre nivells d'energia rotacional del mateix estat vibracional i electrònic d'una molècula i que apareix en la regió espectral infraroja llunyana i de microones.

768 **espectre vibracional** *m*

es espectro vibracional
en vibrational spectrum

Espectre molecular corresponent a les transicions entre nivells d'energia vibracionals del mateix estat electrònic d'una molècula i que apareix en la regió espectral infraroja.

769 **espectrofluorímetre** *m*
sin. compl. **espectròmetre de fluorescència, fluorímetre**

es espectrofluorímetro, espectrómetro de fluorescencia, fluorímetro
en fluorimeter

Instrument per a mesurar la radiació fluorescent total emesa per una mescla exposada a radiació monocromàtica.

770 **espectrofluorimetria** *f*
sin. compl. **espectrofotofluorimetria, espectrometria de fluorescència, fluorimetria**

es espectrofluorimetría, espectrofotofluorimetría, espectrometría de fluorescencia, fluorimetría
en fluorimetry, spectrofluorimetry, spectrophotofluorimetry

Tècnica analítica basada en la producció i l'estudi de l'espectre de fluorescència emès per les molècules d'una mostra en solució excitades apropiadament.

771 **espectrofotofluorimetria** *f*
veg. **espectrofluorimetria**

772 **espectrofotòmetre** *m*

es espectrofotómetro
en spectrophotometer

Instrument per a produir un espectre d'emissió o d'absorció i per a mesurar la intensitat de les ratlles espectrals o les bandes espectrals obtingudes.

773 **espectrofotòmetre de flama** *m*
sin. compl. **fotòmetre de flama**

es espectrofotómetro de llama, fotómetro de llama

en flame photometer, flame spectrophotometer

Instrument per a mesurar les intensitats de radiació en l'espectre produït per mostres excitades a l'interior d'una flama.

774 **espectrofotometria** *f*

es espectrofotometría
en spectrophotometry

Tècnica analítica basada en l'estudi de l'espectre d'absorció o d'emissió d'una substància, que s'obté mitjançant un espectrofotòmetre.

775 **espectrofotometria diferencial** *f*

es espectrofotometría diferencial
en differential spectrophotometry

Espectrofotometria en què la intensitat de la radiació transmesa a través d'una solució que conté la substància a analitzar en una concentració desconeguda, es mesura i es compara a cada longitud d'ona amb la d'una solució que la conté en una concentració coneguda amb exactitud.

776 **espectrògraf** *m*

es espectrógrafo
en spectrograph

Instrument per a produir l'espectre d'una substància en un camp determinat de radiació electromagnètica i obtenir-ne un registre.

777 **espectrògraf de masses** *m*

es espectrógrafo de masas
en mass spectrograph

Instrument amb el qual se separen feixos d'ions d'acord amb el quocient massa-càrrega i la deflexió i la intensitat d'aquests feixos són enregistrats en una placa fotogràfica o film.

778 **espectròmetre** *m*

es espectrómetro
en spectrometer

Espectrògraf per a mesurar la intensitat de la radiació corresponent a cadascuna de les longituds d'ona de l'espectre d'una radiació electromagnètica.

779 **espectròmetre de fluorescència** *m*
veg. **espectrofluorímetre**

780 **espectròmetre de masses** *m*

es espectrómetro de masas
en mass spectrometer

Instrument que classifica ions segons les seves relacions massa-càrrega i que s'utilitza amb finalitats d'identificació, generalment en anàlisi d'identificació estructural.

781 **espectròmetre de masses d'enfocament únic** *m*

es espectrómetro de masas de enfoque único
en single-focusing mass spectrometer

Espectròmetre de masses en el qual un feix d'ions, amb un valor donat de la relació massa-càrrega, convergeix en un punt d'enfocament encara que les direccions inicials dels ions divergeixin.

782 **espectròmetre de masses de camp dinàmic** *m*

es espectrómetro de masas de campo dinámico
en dynamic field mass spectrometer

Espectròmetre de masses en el qual els ions de relació massa-càrrega diferents són separats tot utilitzant un o diversos camps, generalment elèctrics, que varien amb el temps.

783 **espectròmetre de masses de camp estàtic** *m*

es espectrómetro de masas de campo estático
en static field mass spectrometer

Espectròmetre de masses que pot separar un feix d'ions seleccionat utilitzant camps, generalment elèctrics i magnètics, que no varien amb el temps.

784 **espectròmetre de masses de deflexió magnètica** *m*

es espectrómetro de masas de deflexión magnética
en magnetic-deflection mass spectrometer

Espectròmetre de masses en el

qual els ions que es produeixen passen a través d'una combinació de camps elèctrics i magnètics disposats de tal manera que el feix d'ions es deflecteix en el camp magnètic d'acord amb la seva relació massa-càrrega i els diferents feixos d'ions són focalitzats en el detector.

785 **espectròmetre de masses de doble enfocament** *m*

es espectrómetro de masas de doble enfoque
en double-focusing mass spectrometer

Espectròmetre de masses que utilitza alhora l'enfocament en velocitat i l'enfocament en direcció.

786 **espectròmetre de masses de ressonància ciclotrònica** *m*

es espectrómetro de masas de resonancia ciclotrónica
en cyclotron resonance mass spectrometer

Espectròmetre de masses d'alta freqüència en el qual els ions, segons els valors de la seva relació massa-càrrega, absorbeixen un màxim d'energia per l'efecte del camp d'alta freqüència i del camp magnètic perpendicular al camp elèctric.

787 **espectròmetre de masses de temps de vol** *m*

es espectrómetro de masas de tiempo de vuelo
en time-of-flight mass spectrometer

Espectròmetre de masses basat en els diferents temps que necessiten els ions de relacions massa-càrrega diferents per a recórrer una certa distància en un espai lliure de camps, després d'haver rebut inicialment la mateixa energia cinètica o el mateix impuls.

788 **espectròmetre de masses de trocoide aplanada** *m*

es espectrómetro de masas de trocoide aplanada
en prolate trochoidal mass spectrometer

Espectròmetre de masses en el qual els ions de relació massa-càrrega diferents són separats per camps magnètics disposats de manera que els ions escollits segueixen una trajectòria trocoïdal plana.

789 **espectròmetre de ressonància** *m*

es espectrómetro de resonancia
en resonance spectrometer

Espectròmetre per a mesurar la radiació de fluorescència resultant de l'excitació d'un vapor d'àtoms de l'analit amb un feix de radiació externa i que depèn de la intensitat de la radiació de ressonància dels àtoms de l'analit en el feix de la radiació incident.

790 **espectrometria** *f*

es espectrometría
en spectrometry

Branca de la física i de la química que s'ocupa del mesurament de l'energia radiant emesa o absorbida per la matèria, com a resultat d'interaccions de diversa natura entre matèria i energia en les diferents regions de l'espectre electromagnètic, de la interpretació teòrica dels mesuraments i del seu aprofitament pràctic.

791 **espectrometria d'absorció** *f*
sigla **AS**

es espectrometría de absorción
en absorption spectrometry

Branca de l'espectrometria que s'ocupa de la producció, el mesurament i la interpretació de l'espectre d'absorció d'àtoms i molècules.

792 **espectrometria d'absorció atòmica** *f*
sigla **AAS**

es espectrometría de absorción atómica
en atomic absorption spectrometry

Tècnica d'anàlisi quantitativa basada en el mesurament de l'energia radiant absorbida per un element vaporitzat en una flama o en algun altre dispositiu, i irradiat per llum estrictament monocromàtica de la longitud d'ona corresponent a la radiació de ressonància d'aquell element.

793 **espectrometria d'absorció atòmica de flama** *f*
sin. compl. **espectrometria d'absorció de flama**
sigla **FAAS**

es espectrometría de absorción atómica de llama, espectrometría de absorción de llama
en flame absorption spectrometry, flame atomic absorption spectrometry

Espectrometria d'absorció atòmica que utilitza la flama per a vaporitzar i atomitzar els elements d'una mostra.

794 **espectrometria d'absorció de flama** *f*
veg. **espectrometria d'absorció atòmica de flama**

795 **espectrometria d'absorció de raigs X** *f*

es espectrometría de absorción de rayos X
en X-ray absorption spectrometry

Espectrometria que s'ocupa de la producció, el mesurament i la interpretació de l'espectre d'absorció de raigs X.

796 **espectrometria d'absorció molecular** *f*

es espectrometría de absorción molecular
en molecular absorption spectrometry

Espectrometria realitzada a les regions espectrals on les molècules dels components d'una mostra en solució són les responsables de l'absorció de l'energia radiant.

797 **espectrometria d'electrons Auger** *f*
sigla **AES**

es espectrometría de electrones Auger
en Auger-electron spectrometry

Branca de l'espectrometria que s'ocupa dels mesuraments de les intensitats dels feixos d'electrons Auger de diferents energies, que són produïts per l'excitació dels nivells electrònics interns dels àtoms d'una mostra irradiada amb raigs X o bombardejada amb electrons primaris o protons d'alta energia, i que s'utilitza per a l'anàlisi química de superfícies, especialment d'elements lleugers.

798 **espectrometria d'emissió** *f*
sigla **ES**

es espectrometría de emisión
en emission spectrometry

Branca de l'espectrometria que s'ocupa de la producció, el mesurament i la interpretació de l'espectre d'emissió d'àtoms i molècules.

799 **espectrometria d'emissió atòmica** *f*

es espectrometría de emisión atómica
en atomic emission spectrometry

Espectrometria realitzada a la regió espectral on els elements vaporitzats en el si d'una flama, un arc elèctric, una guspira o una força de plasma, són els responsables de l'emissió de l'energia radiant.

800 **espectrometria d'emissió atòmica de flama** *f*
sin. compl. **espectrometria d'emissió de flama, fotometria de flama**
sigla **FAES**

es espectrometría de emisión atómica de llama, espectrometría de emisión de llama, fotometría de llama
en flame atomic emission spectrometry, flame emission spectrometry, flame photometry

Espectrometria d'emissió atòmica que utilitza la flama per a vaporitzar, atomitzar i excitar els elements de la mostra.

Nota: El terme *fotometria de flama* és obsolet segons la IUPAC.

801 **espectrometria d'emissió de flama** *f*
veg. **espectrometria d'emissió atòmica de flama**

802 **espectrometria d'emissió per descàrrega elèctrica** *f*

es espectrometría de emisión por descarga eléctrica
en electric discharge emission spectrometry

Espectrometria en què s'estimula l'atomització i l'excitació per un arc elèctric, una guspira o una descàrrega de microones.

803 **espectrometria de fluorescència** *f*
veg. **espectrofluorimetria**

804 **espectrometria de fluorescència atòmica** *f*
sigla **AFS**

es espectrometría de fluorescencia atómica
en atomic fluorescence spectrometry

Espectrometria de fluorescència que s'ocupa de la producció, el mesurament i la interpretació de l'espectre atòmic.

805 **espectrometria de fluorescència atòmica amb làser** *f*

es espectrometría de fluorescencia atómica con láser
en laser atomic fluorescence spectrometry

Espectrometria de fluorescència atòmica en què es duu a terme l'excitació dels àtoms mitjançant un làser.

806 **espectrometria de fluorescència atòmica de flama** *f*
sigla **FAFS**

es espectrometría de fluorescencia atómica de llama
en flame atomic fluorescence spectrometry

Espectrometria de fluorescència de flama en què s'observen línies atòmiques.

807 **espectrometria de fluorescència de flama** *f*
sigla **FFS**

es espectrometría de fluorescencia de llama
en flame fluorescence spectrometry

Espectrometria de fluorescència que utilitza la flama per a vaporitzar, atomitzar o excitar una mescla.

808 **espectrometria de fluorescència de raigs X** *f*
sigla **XRFS**

es espectrometría de fluorescencia de rayos X
en X-ray fluorescence spectrometry

Tècnica d'anàlisi qualitativa i quantitativa basada en l'excitació de la mostra per raigs X i en el mesurament de la radiació fluorescent de raigs X emesa.

809 **espectrometria de masses** *f*

es espectrometría de masas
en mass spectrometry

Branca de l'espectrometria que s'ocupa de tots els aspectes relacionats amb la producció, el mesurament i la interpretació dels espectres de masses.

810 **espectrometria de masses d'ions secundaris** *f*
sigla **SIMS**

es espectrometría de masas de iones secundarios
en secondary ion mass spectrometry

Tècnica, utilitzada en anàlisi de superfícies, consistent a bombardejar una part petita de la superfície de la mostra amb un feix d'ions accelerats, que produeix el despreniment conseqüent d'ions secundaris positius o negatius, els quals són analitzats mitjançant procediments convencionals de l'espectrometria de masses.

811 **espectrometria de masses per bombardeig amb àtoms ràpids** *f*
sigla **FABS**

es espectrometría de masas por bombardeo con átomos rápidos
en fast atom bombardment mass spectrometry

Branca de l'espectrometria de masses consistent a bombardejar la mostra condensada amb un feix d'àtoms de xenó o de neó d'energia elevada i a analitzar-ne els ions positius o negatius produïts.

812 **espectrometria de microones** *f*

es espectrometría de microondas
en microwave spectrometry

Branca de l'espectrometria que s'ocupa del mesurament i la interpretació de l'absorció o l'emissió selectiva de microones per sòlids, líquids i gasos.

813 **espectrometria de ressonància de spin electrònic** *f*
sin. compl. **espectrometria de ressonància paramagnètica electrònica**

es espectrometría de resonancia de spin electrónico, espectrometría de resonancia paramagnética electrónica
en electron paramagnetic resonance spectrometry, electron spin resonance spectrometry

Branca de l'espectrometria que s'ocupa de l'estudi i la interpretació del fenomen de la ressonància de spins electrònics produït per radiació de radiofreqüència en un camp magnètic variable.

814 **espectrometria de ressonància magnètica nuclear** *f*

es espectrometría de resonancia magnética nuclear
en nuclear magnetic resonance spectrometry

Branca de l'espectrometria que es basa en el fenomen de la ressonància magnètica nuclear per a l'estudi de l'estructura molecular i l'anàlisi qualitativa i quantitativa.

815 **espectrometria de ressonància paramagnètica electrònica** *f*
veg. **espectrometria de ressonància de spin electrònic**

816 **espectrometria electrònica per a anàlisi química** *f*
veg. **espectrometria fotoelectrònica de raigs X**

817 **espectrometria fotoelectrònica** *f*
sigla **PES**

es espectrometría fotoelectrónica
en photoelectron spectrometry

Branca de l'espectrometria que s'ocupa de l'estudi de la distribució de les energies dels fotoelectrons emesos per materials irradiats amb un feix monocromàtic de fotons.

818 **espectrometria fotoelectrònica de raigs X** *f*
sin. compl. **espectrometria electrònica per a anàlisi química**
sigla **ESCA, XRPES**

es espectrometría electrónica para análisis químico, espectrometría fotoelectrónica de rayos X
en electron spectrometry for chemical analysis, X-ray photoelectron spectrometry

Espectrometria dels electrons emesos pels àtoms quan s'irradia una mostra amb raigs X, la qual proporciona informació sobre la composició química de la mostra irradiada, especialment de la seva superfície.

819 **espectrometria infraroja de reflexió-absorció** *f*

es espectrometría infraroja de reflexión-absorción
en reflection-absortion infrared spectrometry

Espectrometria vibracional consistent a irradiar la superfície d'una mostra amb radiació infraroja de diverses longituds d'ona per tal d'excitar els estats vibracionals de les molècules que componen la mostra.

820 **espectrometria molecular** *f*

es espectrometría molecular
en molecular spectrometry

Branca de l'espectrometria que s'ocupa del mesurament i la interpretació dels espectres moleculars.

821 **espectrometria òptica** *f*

es espectrometría óptica
en optical spectrometry

Branca de l'espectrometria que s'ocupa del mesurament i la interpretació dels espectres infraroigs, visibles i ultraviolats associats amb l'excitació dels electrons de valència dels àtoms i molècules i les vibracions i rotacions de les molècules.

822 **espectrometria Raman** *f*

es espectrometría Raman
en Raman spectrometry

Branca de l'espectrometria molecular que s'ocupa del mesurament i la interpretació dels espectres Raman.

823 **espectrometria ultraviolada fotoelectrònica** *f*

es espectrometría ultravioleta fotoelectrónica
en ultraviolet photoelectron spectrometry

Tècnica d'espectrometria fotoelectrònica per a l'anàlisi de superfícies en què s'utilitzen fotons de radiació ultraviolada per a observar els canvis en la regió de la banda de valència dels àtoms de les capes superficials de les mostres, canvis que es relacionen amb l'estructura de l'enllaç entre la superfície i l'adsorbat.

824 **espectrometria vibracional** *f*

es espectrometría vibracional
en vibrational spectrometry

Conjunt de tècniques d'anàlisi de superfícies en què s'utilitza un camp elèctric, un feix d'electrons o un de radiació infrarroja per a elevar l'estat de vibració permès d'una substància adsorbida i determinar-ne l'estructura molecular o la naturalesa dels enllaços entre el sòlid i l'adsorbat.

825 **espectropolarímetre** *m*

es espectropolarímetro
en spectropolarimeter

Instrument per a mesurar la dispersió òptica rotatòria o el dicroisme circular.

826 **espectropolarimetria** *f*

es espectropolarimetría
en spectropolarimetry

Tècnica analítica basada en el mesurament de la dispersió òptica rotatòria o del dicroisme circular mitjançant un espectropolarímetre i que s'utilitza, fonamentalment, en l'estudi de l'estructura i en la determinació de les substàncies actives òpticament.

827 **espectroscopi** *m*

es espectroscopio
en spectroscope

Aparell per a produir i observar espectres d'una radiació electromagnètica.

828 **espectroscòpia** *f*

es espectroscopia
en spectroscopy

Branca de la física i de la química que té per objecte l'anàlisi de les propietats físiques i químiques de la matèria mitjançant l'observació i l'examen dels espectres.

829 **espectroscòpia atòmica** *f*
sigla **AS**

es espectroscopia atómica
en atomic spectroscopy

Branca de l'espectroscòpia que s'ocupa de l'estudi i la interpretació dels espectres atòmics, tant d'emissió com d'absorció.

830 **espectroscòpia de ressonància nuclear de raigs gamma** *f*
veg. **espectroscòpia Mössbauer**

831 **espectroscòpia electrònica** *f*

es espectroscopia electrónica
en electron spectroscopy

Branca de l'espectroscòpia que s'ocupa de l'estudi i la interpretació de l'energia dels electrons emesos per àtoms i molècules.

832 **espectroscòpia infraroja de transformada de Fourier** *f*
sigla **FTIR**

es espectroscopia infraroja de transformada de Fourier
en Fourier transform infrared spectroscopy

Espectroscòpia consistent a descodificar la radiació no dispersada mitjançant una transformada de Fourier.

833 **espectroscòpia Mössbauer** *f*
sin. compl. **espectroscòpia de ressonància nuclear de raigs gamma**
sigla **MOS**

es espectroscopia de resonancia nuclear de rayos gamma, espectroscopia Mössbauer
en Mössbauer spectroscopy, nuclear gamma-ray resonance spectroscopy

Branca de l'espectroscòpia nuclear basada en l'efecte Mössbauer.

834 **espectroscòpia optoacústica** *f*
sigla **PAS**

es espectroscopia optoacústica
en photoacoustic spectroscopy

Espectroscòpia en què un feix de radiació electromagnètica incident sobre una mostra es converteix en calor quan ocorre l'absorció, la qual cosa produeix canvis de pressió en el gas en contacte amb la mostra que poden ésser mesurats amb un transductor piezoelèctric o amb un micròfon.

835 **ESR** *f*
veg. **ressonància de spin electrònic**

es ESR
en ESR

836 **estabilitzador** *m*

es estabilizador
en stabilizer

Additiu que s'afegeix a una solució per fer-la químicament més estable.

837 **estàndard** *m*
veg. **substància patró**

838 **estàndard intern** *m*
veg. **substància patró interna**

839 **estandardització** *f*
sin. compl. **normalització**

es estandarización, normalización
en standardization

Procediment analític per a determinar el títol d'una solució patró o la concentració del constituent actiu d'una solució valorant.

840 **estat d'oxidació** *m*

es estado de oxidación
en oxidation state

Nombre que indica el nombre d'electrons guanyats o perduts per un element químic quan des de l'estat elemental lliure passa a formar part d'un compost donat, i que es calcula mitjançant unes regles convencionals.

841 **estat estàndard** *m*

es estado estándard
en standard state

Estat d'un sistema utilitzat com a valor de referència en mesuraments termodinàmics, generalment a 1013,25 Pa (1 atm) i 298 K (25°C), i concentració de reactants i productes a 1 M.

842 **estat excitat** *m*

es estado excitado
en excited state

Estat d'un àtom o d'una molècula que té un contingut d'energia superior al mínim normal.

843 **estat fonamental** *m*

es estado fundamental
en ground state

Estat normal d'un àtom o d'una molècula que té el mínim d'energia possible.

844 **estat singlet** *m*

es estado singlete
en singlet state

Estat d'un àtom o d'una molècula en què tots els spins dels electrons estan aparellats.

845 **estat triplet** *m*

es estado triplete
en triplet state

Estat electrònic en què un àtom o una molècula té dos electrons amb els spins desaparellats.

846 **esterilitzador** *m*

es esterilizador
en sterilizer

Aparell per a esterilitzar substàncies o objectes, especialment per procediments físics com la calor, el so, la radiació, etc.

847 **estufa** *f*

es estufa
en drying oven

Armari metàl·lic, aïllat tèrmicament, escalfat per mitjà de resistències elèctriques regulades per un termòstat o per mitjà de gas, utilitzat per a assecatge de sòlids i d'objectes, per a esterilització, en cultius microbiològics, etc.

848 **eudiòmetre** *m*

es eudiómetro
en eudiometer

Bureta especial de vidre per a l'anàlisi titulomètrica de mescles de gasos.

849 **evaporador** *m*

es evaporador
en evaporator

Aparell on es concentra una dissolució per evaporació del solvent.

850 **exactitud** *f*

es exactitud
en accuracy

Concordança entre el valor mesurat d'una variable i el seu valor real.

851 **excitància** *f*
sin. compl. **emitància**

es emitancia, exitancia
en emittance, exitance

Flux energètic emès per un cos per unitat de superfície.

852 **exposició radiant** *f*

es exposición radiante
en radiant exposure

Mesura de l'energia radiant total que incideix en una superfície per unitat d'àrea i que s'utilitza en fotometria fotogràfica.

Nota: Es mesura en joules per m^2.

853 **extracció** *f*

es extracción
en extraction

Procés de transferència de matèria entre dues fases immiscibles, que permet la separació de mescles sòlides, líquides o dissoltes mitjançant el seu tractament amb un solvent.

854 **extracció en fase sòlida** *f*

es extracción en fase sólida
en solid phase extraction

Mètode d'extracció i preconcentració mitjançant el qual composts orgànics dissolts en una fase aquosa són retinguts per un sorbent que rebleix una columna d'extracció i, després, són alliberats per elució amb un volum petit de solvent addient, generalment orgànic.

855 **extracció líquid-líquid** *f*

es extracción líquido-líquido
en liquid-liquid extraction

Extracció en un sistema compost per dues fases líquides immiscibles.

Nota: L'extracció líquid-líquid constitueix un cas particular de distribució líquid-líquid.

856 **extracció sòlid-líquid** *f*

es extracción sólido-líquido
en solid-liquid extraction

Extracció en un sistema compost per una fase sòlida i una fase líquida.

857 **extractant** *m*
veg. **solvent d'extracció**

858 **extractant** *m*
veg. **agent extractant**

859 **extracte** *m*
sin. compl. **extret**

es extracto
en extract

Fase en extracció líquid-líquid, generalment orgànica, que conté la substància extreta un cop s'ha separat de l'altra fase.

860 **extractor** *m*

es extractor
en extractor

Aparell format per un muntatge

de reflux en el qual s'ha intercalat una peça dissenyada convenientment per tal de dur a terme l'extracció d'un sòlid per un líquid o d'un líquid per un solvent més lleuger o més pesant d'una manera contínua.

861 **extractor de Soxhlet** *m*

es extractor de Soxhlet
en Soxhlet extractor

Extractor utilitzat per a l'extracció contínua d'un sòlid per un solvent calent.

862 **extret** *m*
veg. **extracte**

863 **extreure** *v tr*

es extraer
en extract, to

Separar d'una substància un dels seus components per mitjà d'una extracció.

F

864 **FAAS** *f*

veg. **espectrometria d'absorció atòmica de flama**

es FAAS
en FAAS

865 **FABS** *f*

veg. **espectrometria de masses per bombardeig amb àtoms ràpids**

es FABS
en FABS

866 **factor analític** *m*

es factor analítico
en analytical factor

Relació, en gravimetria, entre el pes atòmic del constituent que s'ha de determinar i el pes molecular del compost que es pesa.

867 **factor d'absorció** *m*

es factor de absorción
en absorption factor

Relació, en espectrometria d'emissió atòmica, entre el flux energètic radiant o lluminós absorbit per una substància i el flux incident en aquesta substància.

868 **factor d'enriquiment** *m*

es factor de enriquecimiento
en enrichment factor

Factor pel qual es multiplica la relació de les concentracions inicials de dues substàncies per a obtenir la relació de les concentracions després de sotmetre-les a separació per extracció líquid-líquid.

869 **factor d'equivalència** *m*

es factor de equivalencia
en equivalence factor

Coeficient que representa la relació entre la quantitat d'un reactant, generalment la substància que s'ha d'analitzar, que participa en una reacció química determinada i la quantitat corresponent d'un altre reactant, generalment el reactiu analític, que és una relació igual a la que hi ha entre els pesos moleculars respectius multiplicats pels coeficients corresponents segons l'estequiometria de la reacció.

870 **factor de capacitat** *m*
veg. **raó de distribució màssica**

871 **factor de conversió titulomètric** *m*

es factor de conversión titulométrico
en titrimetric conversion factor

Factor que expressa la quantitat, generalment en pes, de la substància valorada corresponent a la unitat de quantitat, generalment el cm^3, de la solució valorant.

872 **factor de correcció del gradient de pressió** *m*

es factor de corrección del gradiente de presión
en pressure-gradient correction factor

Factor pel qual es corregeix la compressibilitat de la fase mòbil en les columnes cromatogràfiques, reblertes de manera homogènia i de diàmetre uniforme.

873 **factor de pes** *m*

es factor de peso
en weight factor

Pes d'una mostra tal que el volum en mil·lilitres de reactiu necessari per a valorar-la representa el percentatge del constituent que es determina o una fracció o un múltiple senzills del percentatge.

874 **factor de recuperació** *m*
sin. compl. **rendiment d'extracció**

es factor de recuperación, rendimiento de extracción
en degree of extraction, recovery factor

Percentatge de la quantitat total de substància recuperada en unes condicions especificades després d'una sèrie de tractaments analítics, generalment d'extracció.

875 **factor de reflexió** *m*

es factor de reflexión
en reflection factor

Relació, en espectrometria d'emissió atòmica, entre la radiació reflectida per una superfície, un cos, etc., i la radiació que hi incideix.

876 **factor de resposta** *m*

es factor de respuesta
en response factor

Factor, determinat empíricament, que relaciona la resposta d'un detector amb la concentració d'un compost.

877 **factor de selectivitat** *m*
veg. **coeficient de selectivitat**

878 **factor de separació** *m*

es factor de separación
en separation factor

Relació entre les raons de distribució de dos soluts, mesurades en condicions idèntiques, en un medi bifàsic.

879 **factor de transmissió** *m*
veg. **transmitància**

880 **factor de transmissió interna** *m*
veg. **transmitància interna**

881 **FAES** *f*
veg. **espectrometria d'emissió atòmica de flama**

es FAES
en FAES

882 **FAFS** *f*
veg. **espectrometria de fluorescència atòmica de flama**

es FAFS
en FAFS

883 **fase estacionària** *f*

es fase estacionaria
en stationary phase

Fase sólida activa o fase líquida immobilitzada sobre un suport sòlid inert, a través de la qual passa una fase mòbil i on té lloc la separació cromatogràfica.

Nota: En cromatografia gas-sòlid i líquid-sòlid, la fase estacionària és un sòlid actiu; i en cromatografia gas-líquid i líquid-líquid, la fase estacionària és la fase líquida amb exclusió del suport sòlid que és inert.

884 **fase estacionària enllaçada químicament al suport** *f*

es fase estacionaria enlazada químicamente al soporte
en chemically bonded stationary phase

Fase estacionària unida amb enllaços covalents a les partícules del suport o a la paret interna d'una columna cromatogràfica.

885 **fase líquida estacionària** *f*

es fase líquida estacionaria
en stationary liquid phase

Líquid de volatilitat baixa utilitzat en cromatografia gas-líquid i líquid-líquid com a fase estacionària, la qual és retinguda sobre un suport inert.

886 **fase mòbil** *f*

es fase móvil
en mobile phase

Líquid o gas que es desplaça a través d'un llit cromatogràfic.

887 **FEM** *f*
veg. **força electromotriu**

es FEM
en FEM

888 **FET** *m*
veg. **transistor d'efecte de camp**

es FET
en FET

889 **FFS** *f*
veg. **espectrometria de fluorescència de flama**

es FFS
en FFS

890 **FID** *m*
veg. **detector d'ionització de flama**

es FID
en FID

891 **filtració** *f*
sin. compl. **filtratge**

es filtración, filtraje
en filtration

Separació mecànica de partícules sòlides en suspensió en un fluid mitjançant el pas d'aquest a través d'una capa porosa, sobre la qual el sòlid queda retingut.

892 **filtrat** *m*

es filtrado
en filtrate

Solució que no conté matèria en suspensió, obtinguda després de la filtració d'un precipitat.

893 **filtratge** *m*
veg. **filtració**

894 **filtre** *m*

es filtro
en filter

Material porós, generalment laminar, que deixa passar al seu través un fluid, un líquid o un gas, mentre reté les partícules sòlides que aquest duu en suspensió.

895 **filtre òptic** *m*

es filtro óptico
en optical filter

Material semitransparent, normalment en forma de placa prima, que elimina o redueix determinades ones o freqüències de radiació electromagnètica en la zona del visible, de l'ultraviolat o de l'infraroig.

896 **fiola** *f*
veg. **matràs aforat**

897 **flama** *f*

es llama
en flame

Mescla de gasos en combustió, com la que en forma de llengua lluminosa i mòbil flueix de manera contínua i a pressió atmosfèrica d'un cremador.

898 **flama de difusió** *f*

es llama de difusión
en diffusion flame

Flama que emergeix d'un cremador al qual s'ha subministrat únicament gas combustible, de tal manera que aquest no entra en contacte amb el gas oxidant, l'aire, més que per difusió en sortir del cremador.

899 **flama embeinada** *f*

es llama protegida
en sheathed flame

Flama que es protegeix del contacte directe amb l'aire que l'envolta mitjançant una beina de gas inert que emergeix de les obertures que hi ha al voltant de la boca de sortida del cremador.

900 **flama laminar** *f*

es llama laminar
en laminar flame

Flama produïda quan la mescla de gas combustible i de gas oxidant surt amb un flux laminar per l'escletxa llarga i estreta del cremador.

901 **flama separada** *f*

es llama separada
en separated flame

Flama que es protegeix mecànicament del contacte directe amb l'aire que l'envolta mitjançant un tub col·locat a la part superior del cremador.

902 **flama turbulenta** *f*

es llama turbulenta
en turbulent flame

Flama produïda quan el gas combustible i el gas oxidant emergeixen per orificis separats i es mesclen per damunt d'aquests orificis a causa del seu moviment turbulent.

903 **flascó** *m*

es frasco
en bottle, flask

Vas de coll estret, fet de vidre, de porcellana, de metall, etc., generalment amb un tap del mateix material, que serveix per a tenir-hi líquids o pólvores.

904 **flascó de Mariotte** *m*

es frasco de Mariotte
en Mariotte flask

Flascó tancat proveït d'un tub vertical, per a l'entrada d'aire prop del fons, i d'una tubuladura lateral, situada més avall, per on flueix a pressió hidrostàtica constant el líquid que hi és contingut.

905 **flascó de seguretat** *m*

es frasco de seguridad
en safety flask

Trampa col·locada en una conducció, generalment en una línia de buit, per a impedir-hi el pas de substàncies sòlides o líquides.

906 **flascó rentador** *m*

es frasco lavador
en wash bottle

Flascó portàtil que forneix un rajolí d'aigua destil·lada o d'un altre líquid, consistent en un matràs de vidre de fons pla, al qual s'injecta aire amb la boca per un tub curt i en surt el líquid empès cap a l'exterior per un tub llarg d'extrem afuat o per un flascó de plàstic per on s'expulsa el líquid a pressió.

907 **flascó rentador de gasos** *m*

es frasco lavador de gases
en gas wash bottle

Flascó que conté el líquid per a rentar un gas i en el qual es bombolleja aquest gas mitjançant un tub que arriba gairebé fins al fons.

908 **flascó volumètric** *m*
veg. **matràs aforat**

909 **floculació** *f*

es floculación
en flocculation

Tractament al qual se sotmeten els sòlids disgregats dispersos en el si d'un fluid per tal de formar agregats de partícules que facin possible la separació del sòlid per sedimentació o per filtració.

910 **fluorescència** *f*

es fluorescencia
en fluorescence

Luminescència que produeixen determinats cossos només mentre són irradiats.

911 **fluorescència anti-Stokes** *f*

es fluorescencia anti-Stokes
en anti-Stokes fluorescence

Fluorescència en la qual la longitud d'ona de la radiació de fluorescència és més curta que la de la radiació absorbida.

912 **fluorescència atòmica** *f*

es fluorescencia atómica
en atomic fluorescence

Fluorescència en la qual l'absorció de fotons des d'un feix primari eleva un àtom a un estat excitat des del qual es pot produir l'emissió de fotons.

913 **fluorescència de raigs X** *f*

es fluorescencia de rayos X
en X-ray fluorescence

Fenomen pel qual un compost irradiat amb raigs X primaris d'alta energia emet raigs X secundaris, els quals constitueixen la base per a una espectrometria.

914 **fluorescència de ressonància** *f*

es fluorescencia de resonancia
en resonance fluorescence

Fluorescència en la qual les longituds d'ona de la radiació absorbida en el feix d'excitació i de la radiació reemesa són iguals.

915 **fluorescència de Stokes** *f*

es fluorescencia de Stokes
en Stokes fluorescence

Fluorescència en la qual la longitud d'ona de la radiació de fluorescència és més llarga que la de la radiació absorbida.

916 **fluorescència directa** *f*

es fluorescencia directa
en direct line fluorescence

Fluorescència en la qual les transicions dels processos d'absorció i de fluorescència tenen el nivell superior comú.

917 **fluorímetre** *m*
veg. **espectrofluorímetre**

918 **fluorimetria** *f*
veg. **espectrofluorimetria**

919 **flux energètic radiant** *m*
sin. compl. **flux radiant**

es flujo energético radiante, flujo radiante
en radiant energy flux, radiant flux

Energia radiant total emesa per una font de radiació electromagnètica per unitat de temps.

Nota: El seu símbol és Φ.

920 **flux lluminós** *m*

es flujo luminoso
en luminous flux

Part d'un flux energètic radiant que és capaç de produir en l'ull humà una sensació lluminosa.

Nota: Es mesura en lúmens.

921 **flux radiant** *m*
veg. **flux energètic radiant**

922 **fluxòmetre** *m*
veg. **cabalímetre**

923 **fons del blanc** *m*

es fondo del blanco
en blank background

Senyal de fons que s'obté pel mesurament instrumental d'un blanc.

924 **font d'arc** *f*

es fuente de arco
en arc source

Font on es produeix l'excitació d'una mostra fent saltar un arc elèctric de corrent continu entre dos elèctrodes inerts.

925 **font de guspira** *f*

es fuente de chispa
en spark source

Font on es produeix l'excitació d'una mostra fent saltar una guspira elèctrica d'alta freqüència entre dos elèctrodes en espectrometria d'emissió.

926 **font de radiació** *f*

es fuente de radiación
en radiation source

Dispositiu o substància que produeix radiació.

927 **font lluminosa** *f*

es fuente luminosa
en light source

Dispositiu o substància que produeix radiació visible.

928 **forat** *m*

es hueco
en hole

Lloc buit i mòbil produït per l'absència d'un electró en un nivell energètic de l'estructura d'un semiconductor.

929 **força electromotriu** *f*
sigla **FEM**

es fuerza electromotriz
en electromotive force

Valor límit de la diferència de potencial establerta entre els elèctrodes d'una pila quan no hi circula corrent.

930 **força eluotròpica** *f*

es fuerza eluotrópica
en eluent strength

Capacitat d'un solvent per a desplaçar els soluts en un procés cromatogràfic.

931 **força iònica** *f*

es fuerza iónica
en ionic strength

Quantitat que caracteritza les interaccions electrostàtiques en la solució d'un electròlit, corresponent a una meitat de la suma dels productes de la concentració de cada ió pel quadrat de la seva càrrega iònica.

Nota: El seu símbol és *I*.

932 **forma àcida d'un bescanviador catiònic** *f*

es forma ácida de un intercambiador catiónico
en acid form of a cation exchanger

Forma iònica d'un bescanviador catiònic en la qual els contraions són els ions hidrogen o en la qual els grups ionògens tenen fixat un protó i donen un àcid no dissociat.

933 **forma bàsica d'un bescanviador aniònic** *f*

es forma básica de un intercambiador aniónico
en base form of an anion exchanger

Forma iònica d'un bescanviador aniònic en la qual els contraions són els ions hidròxid o en la qual els grups ionògens formen una base no carregada.

934 **forma salina d'un bescanviador iònic** *f*

es forma salina de un intercambiador iónico
en salt form of an ion exchanger

Forma iònica d'un bescanviador iònic en la qual els contraions no són ni els ions hidrogen ni els ions hidròxid.

935 **formació de cua** *f*

es formación de cola
en tailing

Asimetria d'un pic cromatogràfic que, respecte a la línia de base, té un front amb un pendent més abrupte que la part posterior.

Nota: En cromatografia sobre paper i cromatografia de capa prima correspon a la distorsió d'una zona que mostra una regió difusa en la part posterior segons la direcció de desplaçament.

936 **formalitat** *f*

es formalidad
en formality

Nombre de pesos fórmula de substància, expressats en grams, contingut per litre de solució.

Nota: El seu símbol és *F*.

937 **forn** *m*

es horno
en furnace

Recipient tancat de parets refractàries que, escalfat per mitjans diversos, arriba a l'interior a temperatures elevades i que s'utilitza per a escalfar, deshidratar, fondre o, de vegades, endurir materials.

938 **forn de combustió** *m*

es horno de combustión
en combustion furnace

Forn constituït per un tub refractari escalfat per una bateria de becs o per una espiral de resistència elèctrica, que s'utilitza principalment en anàlisi orgànica.

939 **forn de grafit** *m*
veg. **forn de tub de grafit**

940 **forn de mufla** *m*

es horno de mufla
en muffle furnace

Forn escalfat, generalment, per mitjà de resistències elèctriques situades en uns solcs de les parets refractàries inferiors, de les quals irradia la calor necessària per al tractament tèrmic que s'hi hagi de dur a terme.

941 **forn de tub de carbó** *m*
veg. **forn de tub de grafit**

942 **forn de tub de grafit** *m*
sin. compl. **forn de grafit, forn de tub de carbó**

es horno de grafito, horno de tubo de carbón, horno de tubo de grafito
en carbon-tube furnace, graphite-tube furnace

Dispositiu atomitzador que fa servir tubs calents de carbó o de grafit, que s'utilitza en espectrometria d'absorció atòmica.

943 **fosforescència** *f*

es fosforescencia
en phosphorescence

Luminescència que es manté durant un cert temps, en l'ordre d'uns quants segons o més, després de desaparèixer l'excitació.

944 **fotó** *m*

es fotón
en photon

Quàntum de radiació electromagnètica.

945 **fotocèl·lula** *f*
veg. **cèl·lula fotoelèctrica**

946 **fotocolorímetre** *m*

es fotocolorímetro
en photocolorimeter

Absorciòmetre que mesura fotoelèctricament la intensitat lluminosa transmesa per una solució, generalment per comparació amb la transmesa per una solució patró o pel solvent pur.

947 **fotocorrent** *m*

es fotocorriente
en photocurrent

Component del corrent de sortida d'un fotodetector produït per la radiació electromagnètica.

948 **fotodetector** *m*
sin. compl. **detector fotoelèctric**

es detector fotoeléctrico, fotodetector
en photodetector, photoelectric detector

Qualsevol dispositiu electrònic que detecta l'energia radiant o hi respon.

949 **fotodíode** *m*

es fotodiodo
en photodiode

Dispositiu semiconductor que produeix una força electromotriu en ésser irradiat.

950 **fotòmetre** *m*

es fotómetro
en photometer

Instrument per a mesurar la intensitat lluminosa, generalment per mitjà d'una cèl·lula fotoelèctrica.

951 **fotòmetre de flama** *m*
veg. **espectrofotòmetre de flama**

952 **fotometria** *f*

es fotometría
en photometry

Tècnica analítica per a mesurar la intensitat de les radiacions lluminoses com a estímuls productors de sensacions visuals.

953 **fotometria de flama** *f*
veg. **espectrometria d'emissió atòmica de flama**

954 **fotomultiplicador** *m*
sin. compl. **tub fotomultiplicador**

es fotomultiplicador, tubo fotomultiplicador
en photomultiplier, photomultiplier tube

Multiplicador d'electrons secundaris, utilitzat en espectrometria, en què el feix primari d'electrons és produït per efecte fotoelèctric a partir d'un feix de fotons.

955 **fototub** *m*

es fototubo
en phototube

Tub fotodetector de buit amb un càtode fotoemissor i sense amplificació interna.

956 **fracció atomitzada local** *f*

es fracción atomizada local
en local fraction atomized

Quocient entre la quantitat d'analit que, en espectrometria d'absorció atòmica, circula per la flama en estat d'àtoms lliures o ionitzats i la quantitat total d'analit que hi circula en estat gasós.

957 **fracció de fase estacionària** *f*

es fracción de fase estacionaria
en stationary-phase fraction

Quocient entre el volum de fase estacionària i el volum de columna reblerta.

958 **fracció dessolvatada local** *f*

es fracción desolvatada local
en local fraction desolvated

Quocient entre la quantitat d'analit que, en espectrometria d'absorció atòmica, circula per la flama en estat dessolvatat i la quantitat total d'analit que hi circula.

959 **fracció dissociada** *f*
veg. **grau de dissociació**

960 **fracció intersticial** *f*

es fracción intersticial
en interstitial fraction

Quocient entre el volum intersticial i el volum d'una columna reblerta.

961 **fracció molar** *f*

es fracción molar
en mole fraction

Quocient entre el nombre de mols d'una substància en una mescla i el nombre total de mols que hi són presents.

Nota: El seu símbol és χ_n.

962 **fracció volatilitzada local** *f*

es fracción volatilizada local
en local fraction volatilized

Quocient de la quantitat total d'analit que, en espectrometria d'absorció atòmica, circula per la flama en estat gasós i la quantitat total d'analit que hi circula en estat dessolvatat.

963 **freqüència** *f*

es frecuencia
en frequency

Nombre de cicles complets per unitat de temps en processos periòdics.

964 **freqüència Raman** *f*

es frecuencia Raman
en Raman frequency

Diferència entre la freqüència d'excitació incident i la freqüència de les línies Raman, en nombre d'ones, que és proporcional als canvis d'energia vibracional o rotacional en una molècula i independent de l'energia de la radiació incident.

965 **front del solvent** *m*

es frente del solvente
en solvent front

Part o línia davantera, en una elució cromatogràfica, del front de la fase mòbil.

966 **front difús** *m*

es frente difuso
en diffuse front

Asimetria d'un pic cromatogràfic que, respecte a la línia de base, té un front més suau que la part posterior.

Nota: En cromatografia sobre paper i cromatografia de capa prima correspon a la distorsió d'una zona que presenta una regió frontal difusa respecte a la direcció del flux.

967 **FTIR** *f*
veg. **espectroscòpia infraroja de transformada de Fourier**

es FTIR
en FTIR

968 **funció analítica** *f*

es función analítica
en analytical function

Funció matemàtica, determinada empíricament, que relaciona el resultat del mesurament experimental amb la concentració o la quantitat d'analit.

969 **funció analítica de calibratge** *f*

es función analítica de calibración
en analytical calibration function

Funció analítica, determinada mitjançant patrons, aplicable a sistemes d'un component o de diversos components en els quals es pugui menysprear els efectes d'interferència.

970 **funció d'acidesa** *f*

es función de acidez
en acidity function

Escala quantitativa que mesura la capacitat donadora de protons d'un solvent.

971 **funció d'acidesa de Hammett** *f*

es función de acidez de Hammett
en Hammett acidity function

Funció d'acidesa que mesura l'acidesa d'algunes solucions no aquoses o de les solucions aquoses concentrades d'àcids forts.

972 **funció de calibratge d'emulsió** *f*

es función de calibración de la emulsión
en emulsion calibration function

Funció que relaciona el logaritme de la intensitat lluminosa i el paràmetre fotogràfic.

973 **fundent** *m*

es fundente
en flux

Substància que, en afegir-se a una altra, en facilita la fusió i la formació d'escòries que se separen de la substància o del metall fosos.

974 **fusió** *f*

es fusión
en fusion, melting

Transició d'un estat sòlid a un estat líquid.

975 **galvanòmetre** *m*

es galvanómetro
en galvanometer

Instrument per a detectar i mesurar un corrent elèctric, per la desviació que produeix en una agulla magnètica.

976 **gas portador** *m*

es gas portador
en carrier gas

Gas utilitzat com a fase mòbil per a eluir una mostra al llarg de la columna cromatogràfica en cromatografia de gasos.

977 **gasometria** *f*
veg. **anàlisi gasomètrica**

978 **GC** *f*
veg. **cromatografia de gasos**

es GC
en GC

979 **gel** *m*

es gel
en gel

Sistema col·loïdal en forma de massa gelatinosa, que té un comportament semblant al d'un sòlid elàstic, i que és format per un constituent macromolecular dispers i un constituent líquid dispersant.

980 **gel de sílice** *m*

es gel de sílice
en silica gel

Sílice hidratada que es presenta en forma de gel.

981 **GLC** *f*
veg. **cromatografia gas-líquid**

es GLC
en GLC

982 **GPC** *f*
veg. **cromatografia de permeació per gel**

es GPC
en GPC

983 **grau d'ionització** *m*

es grado de ionización
en degree of ionization

Fracció d'un solut originàriament covalent que per interacció amb el solvent ha esdevingut iònic.

Nota: El seu símbol és Ψ.

984 **grau de dissociació** *m*
sin. compl. **fracció dissociada**

es fracción disociada, grado de disociación
en degree of dissociation, dissociation fraction

Fracció o tant per u d'electròlit que, en una solució, ha experimentat el seu desdoblament en ions.

Nota: El seu símbol és α.

985 **gravimetria** *f*
sin. compl. **anàlisi gravimètrica**

es análisis gravimétrico, gravimetría
en gravimetric analysis, gravimetry

Tècnica d'anàlisi quantitativa en què la substància o el constituent a analitzar es determina a partir del mesurament del seu pes o del pes d'un derivat seu que s'obté estequiomètricament.

986 **gravimetria de gasos** *f*

es gravimetría de gases
en gas gravimetry

Tècnica d'anàlisi quantitativa de gasos basada en l'absorció del gas constituent a analitzar i en el mesurament de l'augment de massa de l'absorbent.

987 **gresol** *m*

es crisol
en crucible

Recipient de porcellana, metall o quars, que s'utilitza per a la ignició de precipitats o la fusió o la calcinació de substàncies químiques el tractament de les quals requereix un alt grau de calor.

988 **gresol de filtració** *m*
veg. **gresol filtrant**

989 **gresol de Gooch** *m*

es crisol de Gooch
en Gooch crucible

Gresol de porcellana perforat per sota que s'utilitza per a la filtració per succió.

990 **gresol de placa porosa** *m*
veg. **gresol filtrant**

991 **gresol filtrant** *m*
sin. compl. **gresol de filtració, gresol de placa porosa**

es crisol de filtración, crisol de placa porosa, crisol filtrante
en flitering crucible, porous plate crucible

Gresol la base del qual és una placa porosa del mateix material de la resta del recipient, que s'utilitza en anàlisi gravimètrica per a dur a terme en el mateix recipient la separació del precipitat i el seu tractament posterior.

992 **grup funcional** *m*

es grupo funcional
en functional group

Àtom o grup d'àtoms que hi ha a totes les molècules orgàniques que pertanyen a una mateixa funció química i donen lloc al conjunt de propietats particulars que caracteritzen aquesta funció.

993 **grup ionogen** *m*

es grupo ionogénico
en ionogenic group

Grup fix d'un bescanviador iònic que pot estar ionitzat o ésser capaç de dissociar-se en ions fixos i en contraions mòbils.

994 **GSC** *f*
veg. **cromatografia gas-sòlid**

es GSC
en GSC

995 **HEEPT** *f*
veg. **altura equivalent a un plat teòric efectiu**

es HEEPT
en HEEPT

996 **HEPT** *f*
veg. **altura equivalent a un plat teòric**

es HEPT
en HEPT

997 **hidròlisi** *f*

es hidrólisis
en hydrolysis

Reacció de descomposició amb l'aigua.

998 **histèresi** *f*

es histéresis
en hysteresis

Fenomen que presenten alguns materials segons el qual alguna de les seves propietats no retorna al valor inicial quan les condicions experimentals a què és sotmès aquest material sofreixen una variació que primer l'allunya de l'estat inicial i després l'hi retorna.

999 **histèresi electròdica** *f*
sin. compl. **memòria de l'elèctrode**

es histéresis electródica, memoria del electrodo
en electrode memory, electrodic hysterisis

Comportament defectuós d'alguns elèctrodes el potencial elèctric dels quals no retorna al seu valor inicial quan la concentració dels ions a la qual respon l'elèctrode és modificada i tot seguit restituïda al seu valor original.

1000 **HMDE** *m*

veg. **elèctrode de gota penjant de mercuri**

es HMDE

en HMDE

1001 **HPLC** *f*

veg. **cromatografia de líquids d'alta resolució**

es HPLC

en HPLC

1002 **ICP** *m*

veg. **plasma induït per alta freqüència**

es ICP
en ICP

1003 **ignició** *f*

es ignición
en ignition

Combustió d'un filtre de paper amb el precipitat, a una temperatura elevada, en gravimetria.

1004 **il·luminació** *f*

es iluminación
en illuminance, illumination

Quantitat de flux lluminós incident per unitat de superfície.

Nota: Es mesura en luxs.

1005 **immunoelectroforesi** *f*

es inmunoelectroforesis
en immunoelectrophoresis

Mètode analític que inclou una combinació d'electroforesi i reaccions immunoquímiques específiques mitjançant les quals es poden detectar i identificar proteïnes.

1006 **impurificació d'un precipitat** *f*

es impurificación de un precipitado
en contamination of a precipitate

Presència, en un precipitat, de petites quantitats d'espècies químicament diferents.

1007 **inclusió** *f*

es inclusión
en inclusion

Impuresa que ocupa llocs en la xarxa cristal·lina d'un compost hoste.

1008 **índex amortidor** *m*
veg. **capacitat amortidora**

1009 **índex de refracció** *m*

es índice de refracción
en refractive index

Quocient entre la velocitat de les ones electromagnètiques en el buit i la velocitat d'aquestes en un medi material determinat.

Nota: El seu símbol és *n*.

1010 **índex de retenció** *m*

es índice de retención
en retention index

Quocient entre el volum de retenció ajustat d'un compost determinat i els volums de retenció de composts homòlegs de diferent nombre d'àtoms de carboni, que s'obté per interpolació logarítmica.

1011 **indicador** *m*
sin. compl. **indicador visual**

es indicador, indicador visual
en indicator, visual indicator

Substància que indica el final d'una reacció química, generalment per un canvi de color, i que s'utilitza, especialment, en anàlisi titulomètrica.

1012 **indicador àcid-base** *m*
veg. **indicador acidobàsic**

1013 **indicador acidobàsic** *m*
sin. compl. **indicador àcid-base**

es indicador ácido-base
en acid-base indicator

Indicador, que és una base o un àcid acolorits, que canvia de color en ésser neutralitzat per una base o per un àcid a un pH proper al punt d'equivalència d'una anàlisi titulomètrica de neutralització.

1014 **indicador apantallat** *m*

es indicador apantallado
en screened indicator

Indicador mesclat amb un colorant inert, elegit convenientment, per a fer més brusc i més visible el canvi de color, degut a l'efecte additiu del color d'aquest colorant sobre el d'una de les dues formes de l'indicador.

1015 **indicador bicolor** *m*

es indicador bicolor
en two-colour indicator

Indicador que presenta un color diferent a un costat i a l'altre de l'interval de transició.

1016 **indicador d'adsorció** *m*
sin. compl. **indicador de Fajans**

es indicador de adsorción, indicador de Fajans
en adsorption indicator, Fajans indicator

Indicador que canvia de color en el punt d'equivalència d'una anàlisi titulomètrica de precipitació, a causa de la seva adsorció damunt de les partícules del precipitat o a causa de la seva desorció en els casos en què és adsorbit prèviament a aquell punt.

1017 **indicador d'extracció** *m*

es indicador de extracción
en extraction indicator

Indicador que s'extreu de sobte d'una fase líquida a una altra en el punt d'equivalència d'una valoració feta en presència d'una segona fase o en la proximitat d'aquell punt, amb un canvi de color acompanyant el canvi de fase.

1018 **indicador d'oxidació-reducció** *m*
sin. compl. **indicador redox**

es indicador de oxidación-reducción, indicador redox
en oxidation-reduction indicator, redox indicator

Indicador capaç d'ésser reduït o oxidat amb canvi de color en el punt d'equivalència d'una anàlisi titulomètrica d'oxidació-reducció o en la seva proximitat.

1019 **indicador de Fajans** *m*
veg. **indicador d'adsorció**

1020 **indicador de precipitació** *m*

es indicador de precipitación
en precipitation indicator

Indicador que produeix un precipitat o una coloració fàcilment visible amb algun dels reactants que participen en una valoració de precipitació en el moment del punt d'equivalència d'aquesta o en la seva proximitat.

1021 **indicador extern** *m*

es indicador externo
en external indicator

Indicador que s'utilitza externament a la solució que és objecte d'una anàlisi titulomètrica i que se'l fa reaccionar amb gotes successives extretes de la solució.

1022 **indicador fluorescent** *m*

es indicador fluorescente
en fluorescent indicator

Indicador que, en ésser activat per una radiació de longitud d'ona adequada, presenta un canvi en l'emissió de fluorescència en el punt d'equivalència o en la seva proximitat.

1023 **indicador intern** *m*

es indicador interno
en internal indicator

Indicador que s'afegeix a una solució que és objecte d'una valoració.

1024 **indicador metal·locròmic** *m*

es indicador metalocrómico
en metallochromic indicator

Indicador que és un agent complexant i que presenta un canvi de color en el punt d'equivalència d'una valoració complexomètrica o de precipitació o en la seva proximitat quan reacciona amb ions metàl·lics, complexant-los, o bé quan és desplaçat del complex que ha format prèviament.

1025 **indicador metal·lofluorescent** *m*

es indicador metalofluorescente
en metallofluorescent indicator

Indicador metal·locròmic que presenta canvis en la fluorescència d'emissió en el punt d'equivalència d'una valoració complexomètrica o de precipitació.

1026 **indicador mixt** *m*

es indicador mixto
en mixed indicator

Indicador format per una mescla d'indicadors del mateix tipus, escollits de manera que els seus intervals de transició coincideixen aproximadament, i de composició tal que el canvi total de color resultant de la mescla pot ésser apreciat més fàcilment que el de cada indicador per separat.

1027 **indicador monocolor** *m*

es indicador monocolor
en one-colour indicator

Indicador que només presenta color en un costat del seu interval de transició i que és incolor en l'altre, o que presenta una tonalitat d'intensitat diferent del mateix color a cada costat de l'interval.

1028 **indicador quimioluminescent** *m*

es indicador quimioluminiscente
en chemioluminescent indicator

Indicador que presenta quimioluminescència o una extinció de la quimioluminescència en el punt d'equivalència o en la seva proximitat.

1029 **indicador radioactiu** *m*

es indicador radiactivo
en radioactive indicator

Indicador consistent en una substància radioactiva que actua com un indicador d'adsorció, de precipitació o d'extracció.

1030 **indicador redox** *m*
veg. **indicador d'oxidació-reducció**

1031 **indicador universal** *m*

es indicador universal
en multiple range indicator, universal indicator

Indicador format per una mescla de diversos indicadors acidobàsics, escollits adequadament per a produir un canvi de color gradual dins d'una àmplia zona de l'escala de pH, i que s'utilitza, generalment, impregnant tires de paper de filtre per a fer mesuraments aproximats de pH.

1032 **indicador visual** *m*
veg. **indicador**

1033 **inflament** *m*
es hinchamiento
en swelling
Procés d'incorporació d'un líquid a un gel o un sòlid, que comporta un increment del volum d'aquest.

1034 **inflament en un solvent** *m*
es hinchamiento en un solvente
en solvent swelling
Quantitat de solvent en grams fixada per un gram de bescanviador iònic sec.

1035 **infraroig** *m*
es infrarojo
en infrared
Regió de l'espectre electromagnètic que comprèn l'interval que va des de la radiació visible fins a la radiació de microones, o sigui, des de 0,8 μm a 1 mm.

1036 **infraroig llunyà** *m*
es infrarojo lejano
en far infrared
Regió de la radiació infraroja de longituds d'ona entre 50 μm i 1 mm.

1037 **infraroig mitjà** *m*
es infrarojo medio
en mid infrared
Regió de la radiació infraroja de longituds d'ona entre 2,5 i 50 μm.

1038 **infraroig proper** *m*
sigla **NIR**
es infrarojo próximo
en near infrared
Regió de la radiació infraroja de longituds d'ona entre 0,8 i 2,5 μm.

1039 **injector de derivació** *m*
es inyector de derivación
en bypass injector
Injector de mostres per a cromatografia, al qual es fa arribar temporalment una fracció desviada del flux del gas eluent.

1040 **injector de mostra** *m*
es inyector de muestra
en sample injector
Injector per mitjà del qual una mostra és introduïda en un eluent o en una columna.

1041 **intensitat d'energia radiant** *f*
sin. compl. **intensitat radiant**
es intensidad de energía radiante, intensidad de radiación
en intensity of radiant energy, radiant intensity
Quocient entre el flux energètic radiant emès dins d'un angle sòlid sobre una direcció determinada i aquest angle sòlid.

1042 **intensitat radiant** *f*
veg. **intensitat d'energia radiant**

1043 **interferència** *f*
es interferencia
en interference
Error sistemàtic en el mesurament d'un senyal a causa de la presència de substàncies interferents en una mostra.

1044 **interferència** *f*
veg. **substància interferent**

1045 **interferència d'elèctrode** *f*
es interferencia de electrodo
en electrode interference
Substància interferent que dóna una resposta similar a la de l'ió que es mesura amb un elèctrode selectiu, i la presència de la qual comporta, generalment, un increment aparent de l'activitat o de la concentració de l'ió que s'ha de determinar.

1046 **interferència d'excitació** *f*
es interferencia de excitación
en excitation interference
Interferència en fase de vapor, no espectral, causada per un canvi en la fracció d'analit excitada en la fase gasosa.

1047 **interferència d'ionització** *f*

es interferencia de ionización
en ionization interference

Interferència en fase de vapor, no espectral, causada per un canvi en la fracció d'analit ionitzada en la fase gasosa.

1048 **interferència de difusió lateral** *f*

es interferencia de difusión lateral
en lateral diffusion interference

Interferència de distribució espacial que té lloc quan la presència de substàncies interferents retarda l'evaporació de les gotetes nebulitzades o de les partícules sòlides, escurçant així el temps disponible per a la difusió lateral de les espècies gasoses de l'analit abans que abastin el camp d'observació de l'espectròmetre.

1049 **interferència de dissociació** *f*

es interferencia de disociación
en dissociation interference

Interferència en fase de vapor, no espectral, causada per un canvi en la fracció d'analit dissociada en àtoms neutres lliures en la fase gasosa.

1050 **interferència de distribució espacial** *f*

es interferencia de distribución espacial
en spatial-distribution interference

Interferència no espectral, en espectrometria de flama, que es produeix quan els canvis de la concentració de les substàncies interferents afecten els fluxos de masses o els models màssics de les espècies que provenen de l'analit en la flama.

1051 **interferència de geometria de la flama** *f*

es interferencia de geometría de la llama
en flame-geometry interference

Interferència de distribució espacial que es produeix quan els canvis de concentració de les substàncies interferents modifiquen el volum o la forma de la flama i, en conseqüència, la velocitat dels gasos formats per la combustió.

1052 **interferència de mètode** *f*

es interferencia de método
en method interference

Substància interferent que interacciona amb l'ió que es mesura amb un elèctrode selectiu d'ions i fa decréixer la seva activitat i, en conseqüència, la seva concentració aparent, mentre l'elèctrode continua donant l'activitat efectiva.

1053 **interferència de transport** *f*

es interferencia de transporte
en transport interference

Interferència no espectral, en espectrometria de flama, deguda a factors que afecten la velocitat de consumpció de líquid, l'eficàcia de nebulització i la fracció dessolvatada.

1054 **interferència en fase de vapor** *f*

es interferencia en fase vapor
en vapour-phase interference

Interferència, en espectrometria de flama, deguda a un canvi en la fracció de l'analit dissociada, ionitzada o excitada en la fase gasosa.

1055 **interferència espectral** *f*

es interferencia espectral
en spectral interference

Interferència, en espectrometria de flama, deguda a una separació incompleta entre la radiació emesa o absorbida per l'analit i la d'altres radiacions detectades per l'instrument.

1056 **interferència mútua** *f*

es interferencia mútua
en mutual interference

Interferència que es produeix quan un element actua com a substància interferent sobre l'element a analitzar i, recíprocament, aquest darrer actua com a interferent en l'anàlisi del primer.

1057 **interferència per volatilització del solut** *f*

es interferencia por volatilización del soluto
en solute-volatilization interference

Interferència, en espectrometria de flama, deguda a canvis de la velocitat de les partícules seques de l'aerosol, en el cas que la volatilització de l'analit sigui incompleta en presència o en absència d'una substància interferent.

1058 **interferència química** *f*

es interferencia química
en chemical interference

Interferència deguda a les propietats químiques de les espècies presents juntament amb l'analit a determinar.

1059 **interferent** *m*
veg. **substància interferent**

1060 **interferograma** *m*

es interferograma
en interferogram

Representació gràfica de la intensitat de la llum en funció del seu retard o del temps corresponent a la radiació que emergeix d'un interferòmetre.

1061 **interferòmetre** *m*

es interferómetro
en interferometer

Instrument que té un divisor de feix, un mirall fix i un de mòbil que separa la llum incident en dos feixos que s'interfereixen, i que s'utilitza per a produir i mesurar interferències lluminoses.

1062 **interfície** *f*

es interfase
en interface

Superfície de contacte entre dues fases d'un sistema heterogeni.

1063 **interpolació** *f*

es interpolación
en interpolation

Estimació del valor d'una quantitat comprès entre dos valors coneguts.

1064 **interval** *m*

es intervalo
en range

Diferència entre el resultat més gran i el més petit en una sèrie de valors mesurats.

1065 **interval de confiança** *m*

es intervalo de confianza
en confidence interval

Interval de valors entre els quals existeix una probabilitat definida que hi estigui inclòs el valor real.

1066 **interval de transició** *m*
sin. compl. **interval de viratge**

es intervalo de transición
en transition interval

Interval, en una anàlisi titulomètrica, de concentracions dels ions hidrogen, dels ions metàl·lics o de les altres espècies que es valoren, en el qual es veu el canvi de color, de fluorescència o d'una altra propietat d'un indicador, i que és produït pel canvi en la relació de concentracions de les dues formes predominants de l'indicador.

1067 **interval de viratge** *m*
veg. **interval de transició**

1068 **ió** *m*

es ion
en ion

Àtom o grup d'àtoms que tenen una càrrega elèctrica deguda a la pèrdua o a la captura d'electrons.

1069 **ió amfòter** *m*
veg. **zwitterió**

1070 **ió complex** *m*

es ion complejo
en complex ion

Compost complex amb càrrega iònica.

1071 **ió fill** *m*

es ion hijo
en daughter ion

Ió provinent de la reacció d'un ió progenitor en espectrometria de masses.

1072 **ió fix** *m*

es ion fijo
en fixed ion

Ió no bescanviable que té una càrrega contrària a la del contraió en un bescanviador iònic.

1073 **ió fragment** *m*

es ion fragmento
en fragment ion

Ió produït per la pèrdua d'un o més fragments d'un ió progenitor en espectrometria de masses.

1074 **ió interferent** *m*

es ion interferente
en interfering ion

Ió que interfereix en la detecció o en la determinació del constituent analitzat.

1075 **ió isotòpic** *m*

es ion isotópico
en isotopic ion

Ió que conté un àtom o més d'un isòtop menys abundant en espectrometria de masses.

1076 **ió metastable** *m*

es ion metaestable
en metastable ion

Ió, en espectrometria de masses, format en un estat metastable a la cambra d'ionització d'un espectròmetre de masses i que es descompon després d'haver estat accelerat fora de la font d'ions però abans d'entrar a l'analitzador.

1077 **ió molecular** *m*

es ion molecular
en molecular ion

Ió produït quan una molècula guanya o perd un electró.

1078 **ió negatiu** *m*
veg. **anió**

1079 **ió positiu** *m*
veg. **catió**

1080 **ió precursor** *m*
veg. **ió progenitor**

1081 **ió progenitor** *m*
sin. compl. **ió precursor**

es ion padre, ion precursor
en parent ion, precursor ion

Ió que produeix un ió fragment o un ió metastable intermedi en espectrometria de masses.

1082 **iodimetria** *f*
sin. compl. **iodometria**

es yodimetría, yodometría
en iodimetry, iodometry

Determinació d'una substància reductora per valoració amb una solució estàndard de iode, o d'una substància oxidant per valoració del iode alliberat per aquesta quan és tractada amb un excés de iodur de potassi.

Nota: Alguns autors restringeixen el terme *iodimetria* a la valoració amb una solució estàndard de iode, i *iodometria* a la valoració de les solucions tractades amb iodur de potassi. La IUPAC, però, no recomana de fer aquesta distinció i proposa *iodimetria* com a terme preferent.

1083 **iodometria** *f*
veg. **iodimetria**

1084 **ionització** *f*

es ionización
en ionization

Procés de ruptura d'enllaços en àtoms o en molècules, que produeix la formació d'ions.

1085 **ionització de camp** *f*

es ionización de campo
en field ionization

Ionització resultant de l'acció d'un camp elèctric molt intens sobre una partícula.

1086 **ionització per bombardeig** *f*

es ionización por bombardeo
en ionization by sputtering

Ionització resultant del bombardeig d'una mostra sòlida amb ions o electrons accelerats o amb partícules neutres ràpides.

1087 **ionització per feix làser** *f*

es ionización por rayo láser
en laser beam ionization

Ionització resultant de la irradiació d'una mostra amb un feix emès per un làser.

1088 **ionització per impacte d'electrons** *f*

es ionización por impacto de electrones
en electron impact ionization

Ionització resultant de la interacció d'una partícula, una molècula o un àtom amb un electró.

1089 **ionització per una font de guspira** *f*

es ionización por fuente de chispa
en spark source ionization

Ionització resultant de l'impacte sobre l'analit dels electrons continguts en una guspira que salta entre dos elèctrodes.

1090 **ionització química** *f*

es ionización química
en chemical ionization

Ionització resultant de la col·lisió d'una partícula amb un ió carregat negativament o positiva.

1091 **ionització tèrmica** *f*

es ionización térmica
en thermal ionization

Ionització de partícules provocada per l'acció d'una temperatura elevada.

1092 **ionòfor** *m*

es ionóforo
en ionophore

Molècula la part externa de la qual és hidròfoba i la part interna, polar, de manera que pot envoltar un ió i transportar-lo a través d'una fase hidròfoba.

1093 **IR** *f*

veg. **radiació infraroja**

es IR
en IR

1094 **irradiància** *f*

es irradiancia
en irradiance

Quocient entre el flux energètic rebut per un element de superfície i l'àrea d'aquest element.

Nota: Es mesura en watts/m^2. El seu símbol és *E*.

1095 **isoterma d'adsorció** *f*

es isoterma de adsorción
en adsorption isotherm

Representació de la relació, a temperatura constant, entre la quantitat de substància adsorbida per unitat de massa d'adsorbent i la pressió d'equilibri, en adsorció de gasos, o la concentració en solució, en adsorció de soluts.

1096 **isoterma de bescanvi iònic** *f*

es isoterma de intercambio iónico
en ion-exchange isotherm

Representació de la concentració d'un contraió dins un bescanviador iònic en funció de la seva concentració en una solució externa, en unes condicions especificades i a una temperatura constant.

1097 **isoterma de sorció** *f*

es isoterma de sorción
en sorption isotherm

Representació de la concentració d'una espècie sorbida en un bescanviador iònic en funció de la seva concentració en una solució externa, en unes condicions especificades i a una temperatura constant.

J

QUÍMICA ANALÍTICA

1098 **junció líquida** *f*

es unión líquida
en liquid junction

Interfície de contacte entre dues solucions diferents que contenen ions de mobilitats iòniques diferents.

K

QUÍMICA ANALÍTICA

1099 **kieselgur** *m*
veg. **terra de diatomees**

1100 **làmpada de càtode buit** *f*

es lámpara de cátodo hueco
en hollow-cathode lamp

Làmpada de descàrrega en la qual els electrons accelerats produeixen ions positius per col·lisió amb àtoms del gas portador, que sota l'acció d'un camp elèctric col·lisionen amb el càtode alliberant àtoms que són excitats i radien les seves ratlles espectrals.

1101 **làmpada de descàrrega** *f*

es lámpara de descarga
en discharge lamp

Làmpada que produeix llum mitjançant una descàrrega elèctrica entre elèctrodes en un gas o un vapor a pressió baixa o elevada.

1102 **làmpada de filament de tungstè** *f*

es lámpara de filamento de tungsteno
en tungsten-filament lamp

Làmpada incandescent que produeix radiació contínua, formada per un filament de tungstè dins una ampolla de vidre.

1103 **làmpada de vapor de metall** *f*

es lámpara de vapor de metal
en metal-vapour lamp

Làmpada de descàrrega d'un gas noble que produeix vapor de metall per volatilització d'aquest a causa de l'efecte tèrmic de la descàrrega.

1104 **làser** *m*

es láser
en laser

Aparell utilitzat per a produir un feix prim i paral·lel de radiació monocromàtica coherent d'elevada intensitat en la regió visible, ultraviolada o infraroja i basat en el fenomen de l'emissió estimulada.

Nota: L'anglicisme *laser* prové de la sigla *LASER, light amplification by stimulated emission of radiation.*

1105 **LC** *f*
veg. **cromatografia de líquids**

es LC
en LC

1106 **LEC** *f*
veg. **cromatografia de bescanvi de lligands**

es LEC
en LEC

1107 **LGC** *f*
veg. **cromatografia líquid-gel**

es LGC
en LGC

1108 **límit de detecció** *m*

es límite de detección
en limit of detection

Concentració més petita o quantitat mínima d'un analit que pot ésser detectada amb una certesa raonable mitjançant un procediment analític.

1109 **límit de lectura** *m*

es límite de lectura
en readability

Mínima fracció d'una divisió d'una escala que pot ésser apreciada en la lectura de l'índex o amb l'ajut d'un vernier, i que acostuma a expressar-se en fraccions de divisió.

1110 **límit de quantificació** *m*

es límite de cuantificación
en quantification limit

Concentració mínima o quantitat mínima d'un analit que pot ésser determinada quantitativament amb una precisió raonable mitjançant un procediment analític.

1111 **línia de base** *f*

es línea de base
en base line

Porció de l'enregistrament d'un senyal instrumental obtinguda en absència de l'analit.

1112 **línia de partida** *f*

es línea de partida
en starting line

Línia d'una capa cromatogràfica on es diposita la substància que s'ha de cromatografiar.

1113 **línia espectral** *f*
veg. **ratlla espectral**

1114 **liòfil -a** *adj*

es liofílico
en lyophilic

Dit de la substància les partícules de la qual, en estat de dispersió, tenen una forta estabilitat a causa de la seva solvatació.

1115 **liòfob -a** *adj*

es liófobo
en lyophobic

Dit de la substància les partícules de la qual, en estat de dispersió, no són solvatades, la qual cosa fa que es coagulin amb facilitat.

1116 **líquid sobrenedant** *m*

es líquido sobrenadante
en supernatant liquid

Líquid que queda damunt del sòlid després d'una precipitació.

1117 **lixiviació** *f*

es lixiviación
en leaching, lixiviation

Procés d'extracció en el qual se separa un o més components d'un material sòlid mitjançant el seu tractament amb un solvent adequat.

1118 **lixiviador** *m*

es lixiviador
en lixiviator

Extractor que s'utilitza per a dur a terme una lixiviació.

1119 **LLC** *f*
veg. **cromatografia líquid-líquid**

es LLC
en LLC

1120 **llei d'acció de massa** *f*

es ley de acción de masa
en law of mass action

Llei que estableix la influència que sobre la composició d'una mescla en equilibri químic exerceixen les concentracions o masses actives de les substàncies que participen a la reacció.

1121 **llei d'Ohm** *f*

es ley de Ohm
en Ohm's law

Llei que estableix la proporcionalitat entre la intensitat de corrent i el voltatge aplicat.

1122 **llei de Beer** *f*

es ley de Beer
en Beer's law

Llei que estableix que l'absorció d'una radiació monocromàtica d'una solució és una funció exponencial de la concentració quan es mantenen constants les condicions restants.

1123 **lleis de Faraday** *f pl*

es leyes de Faraday
en Faraday's laws

Lleis que relacionen la quantitat de l'electricitat que ha circulat a través d'una solució electrolítica amb la quantitat de substància que és electrolitzada.

1124 **lligand** *m*

es ligando
en ligand

Espècie aniònica, catiònica o neutra que s'uneix a un ió metàl·lic central mitjançant un enllaç coordinat i que forma un ió complex.

1125 **lligand hexadentat** *m*

es ligando hexadentado
en hexadentate ligand

Lligand que conté sis àtoms coordinadors i que pot formar un màxim de sis enllaços coordinats amb un ió metàl·lic.

1126 **lligand monodentat** *m*

es ligando monodentado
en monodentate ligand

Lligand que conté un sol àtom coordinador capaç d'unir-se coordinadament amb un ió metàl·lic.

1127 **lligand multidentat** *m*

es ligando multidentado
en multidentate ligand

Lligand que s'uneix amb un ió metàl·lic per més d'un àtom coordinador.

1128 **llit cromatogràfic** *m*

es lecho cromatográfico
en chromatographic bed

Qualsevol de les diverses formes en què pot utilitzar-se una fase estacionària en cromatografia.

1129 **llit de partícules** *m*

es lecho de partículas
en particle bed

Capa de partícules, en repòs o en suspensió, pels intersticis de la qual pot circular un fluid per a bescanviar matèria o energia.

1130 **llit filtrant** *m*

es lecho filtrante
en filter bed

Preparació feta amb una matèria fibrosa i inert, com la llana de vidre, l'asbest, etc., que actua de filtre.

1131 **llit mixt** *m*

es lecho mixto
en mixed bed

Mescla de diferents substàncies que constitueix el rebliment d'una columna cromatogràfica.

1132 **llum** *f*
veg. **radiació visible**

1133 **llum blanca** *f*

es luz blanca
en white light

Llum que conté totes les longituds d'ona visibles.

1134 **llum ultraviolada** *f*
veg. **radiació ultraviolada**

1135 **longitud d'ona** *f*

es longitud de onda
en wavelength

Distància entre dos punts successius situats en la direcció de propagació d'una ona en què l'oscil·lació té la mateixa fase.

Nota: El seu símbol és λ.

1136 **lorentziana** *f*

es lorentziana
en lorentzian

Funció analítica que es fa servir habitualment per descriure la forma d'una banda en espectroscòpia.

1137 **LSC** *f*
veg. **cromatografia líquid-sòlid**

es LSC
en LSC

1138 **luminància** *f*

es luminancia
en luminance

Quocient entre la intensitat lluminosa emesa en una direcció per un element infinitament petit de la superfície al voltant d'un punt i l'àrea d'aquest element projectada ortogonalment sobre un pla perpendicular a la direcció donada.

Nota: Es mesura en candeles per m^2. El seu símbol és L_v.

1139 **luminescència** *f*

es luminiscencia
en luminescence

Emissió de llum que presenten certes substàncies quan són convenientment excitades, produïda sense cap elevació de la temperatura i caracteritzada pel fet que la intensitat de la radiació per a determinades longituds d'ona és més elevada que la corresponent a la radiació tèrmica a la mateixa temperatura.

M

1140 **macroanàlisi** *f*

es macroanálisis
en macroanalysis

Anàlisi d'una mostra la massa de la qual és major a 0,1 g.

1141 **macrocomponent** *m*

es macrocomponente
en macrocomponent

Substància dissolta en una solució a una concentració tal que pot ésser precipitada per mitjà de l'addició de reactius precipitants ordinaris en una anàlisi quantitativa.

1142 **maduració d'Ostwald** *f*

es maduración de Ostwald
en Ostwald ripening

Creixement de cristalls més grans a partir d'altres de dimensions menors, els quals tenen una solubilitat més elevada que els grans.

1143 **malaxador** *m*

es malaxador
en kneader

Aparell utilitzat per a malaxar, mesclar, maurar, etc., masses pastoses.

1144 **manòmetre** *m*

es manómetro
en manometer

Instrument per a mesurar la pressió d'un fluid.

1145 **manta calefactora** *f*

es manta calefactora
en heating blanket

Calefactor consistent en una resistència elèctrica en forma de fils entrellaçats semblantment a un teixit, que, col·locada entorn de matrassos, embuts, etc., serveix per a escalfar els líquids que contenen.

1146 **marcador** *m*

es marcador
en marker

Substància de referència afegida a la mostra per tal d'ajudar a identificar-ne els components.

1147 **massa atòmica relativa** *f*
sin. compl. **pes atòmic**

es masa atómica relativa, peso atómico
en atomic weight, relative atomic mass

Relació entre la massa mitjana per àtom d'un element amb la seva composició isotòpica natural, i 1/12 de la massa d'un àtom de carboni -12.

Nota: El seu símbol és A_r.

1148 **massa constant** *f*

es masa constante
en constant mass

Massa d'un precipitat, en gravimetria, que no varia més de ± 0,00002 g en dues pesades successives abans i després de l'assecament o de la calcinació.

1149 **massa molar** *f*

es masa molar
en molar mass

Massa corresponent a un mol de substància.

Nota: La unitat de mesura és el kg mol^{-1} i la unitat pràctica és, generalment, el g mol^{-1}. El seu símbol és *M*.

1150 **massa molecular relativa** *f*
sin. compl. **pes molecular**

es masa molecular relativa, peso molecular
en molecular weight, relative molecular mass

Relació entre la massa mitjana d'un compost, amb els seus àtoms constituents en la seva composició isotòpica natural, i 1/12 de la massa d'un àtom de carboni -12.

1151 **material de referència** *m*

es material de referencia
en reference material

Substància que té les propietats definides amb precisió i que s'utilitza per al calibratge d'un aparell o d'un procediment de mesurament.

1152 **material de referència estàndard** *m*

es material de referencia estándar
en standard reference material

Material de referència que és certificat pel National Bureau of Standards o un altre organisme oficial equivalent.

1153 **matràs** *m*

es matraz
en flask

Receptacle de vidre o de cristall de forma gairebé esfèrica, amb el fons pla o rodó i el coll larg i estret.

1154 **matràs aforat** *m*
sin. compl. **fiola, flascó volumètric**

es matraz aforado, redoma
en volumetric flask

Matràs de forma esfèrica o de pera i amb el fons pla, amb una osca per a indicar-ne la capacitat, i que és utilitzat generalment per a preparar solucions de concentració coneguda.

1155 **matràs d'Erlenmeyer** *m*

es matraz de Erlenmeyer
en Erlenmeyer flask

Matràs de forma cònica, amb el fons pla, el coll curt i de boca estreta o ampla, que s'utilitza per a manipular líquids més aviat volàtils en valoracions i en d'altres treballs de laboratori.

1156 **matràs de Claisen** *m*

es matraz de Claisen
en Claisen flask

Matràs de destil·lació de dues boques en què la tubuladura de sortida dels vapors és situada al coll lateral de reflux, que és paral·lel al coll principal.

1157 **matràs de destil·lació** *m*

es matraz de destilación
en distilling flask

Matràs que al mig del coll té una tubuladura inclinada cap avall, per on s'acobla el refrigerant en dur a terme una destil·lació.

1158 **matràs de filtració** *m*
sin. compl. **matràs de Kitasato**

es matraz de filtración
en filter flask

Matràs de forma cònica, de fons pla, de parets gruixudes, amb una tubuladura lateral prop del coll, on es connecta una línia de buit, i que s'utilitza per a recollir el filtrat en una filtració amb succió.

1159 **matràs de Kitasato** *m*
veg. **matràs de filtració**

1160 **matràs de Kjeldahl** *m*

es matraz de Kjeldahl
en Kjeldahl flask

Matràs en forma de pera, de fons rodó i de coll ample i llarg, que s'utilitza per a dur a terme digestions i mineralitzacions de substàncies orgàniques amb àcids de punt d'ebullició alt.

1161 **matriu** *f*

es matriz
en matrix

Conjunt dels constituents d'una mostra amb totes les seves propietats individuals, les quals poden afectar el resultat de l'anàlisi de l'element a analitzar.

1162 **matriu de fotodíodes** *f*
veg. **xarxa de fotodíodes**

1163 **màxim del pic** *m*

es máximo del pico
en peak maximum

Punt del pic cromatogràfic en el qual la distància des de la base és màxima, mesurada en direcció paral·lela a l'eix que representa la resposta del detector.

1164 **màxim electrocapil·lar** *m*

es máximo electrocapilar
en electrocapillary maximum

Màxim de la corba electrocapil·lar que es presenta quan un elèctrode de mercuri té el potencial al qual és nul·la la càrrega elèctrica neta sobre la seva superfície i màxima la tensió superficial a la interfície mercuri-solució.

1165 **mediana** *f*
sin. compl. **mediana d'una mostra**

es mediana, mediana de una muestra
en median, sample median

Mesura de la tendència central d'un conjunt de dades, constituïda per aquell valor per sota i per sobre del qual hi ha el mateix nombre de dades.

1166 **mediana d'una mostra** *f*
veg. **mediana**

1167 **membrana** *f*

es membrana
en membrane

Capa contínua que cobreix una estructura o que separa dues solucions.

1168 **membrana d'ió selectiu** *f*

es membrana de ion selectivo
en ion-selective membrane

Membrana homogènia o heterogènia d'una substància electroactiva que, en un elèctrode selectiu d'ions, cobreix la superfície del conductor metàl·lic o separa dues solucions d'electròlits.

1169 **membrana de bescanvi iònic** *f*

es membrana de intercambio iónico
en ion-exchange membrane

Membrana de material de bescanvi iònic que, en separar dues solucions, permet preferentment el transport dels cations o dels anions.

1170 **membrana heterogènia** *f*

es membrana heterogénea
en heterogeneous membrane

Membrana en estat sòlid, utilitzada en alguns elèctrodes selectius d'ions, en la qual la substància activa, o una mescla de substàncies actives, és incorporada a una matriu inerta o dipositada sobre grafit hidrofobitzat.

1171 **membrana homogènia** *f*

es membrana homogénea
en homogeneous membrane

Membrana en estat sòlid formada per un compost simple o per una mescla homogènia de dos o més components.

1172 **membrana líquida** *f*

es membrana líquida
en liquid membrane

Membrana, utilitzada en alguns elèctrodes selectius d'ions, en la qual el líquid de bescanviador iònic o el portador d'ions és dissolt en un solvent immiscible en aigua incorporat a un suport inert.

1173 **memòria de l'elèctrode** *f*
veg. **histèresi electròdica**

1174 **mesclador** *m*

es mezclador
en mixer

Aparell que serveix per a dur a terme una mescla uniforme d'ingredients sòlids.

1175 **mesoanàlisi** *f*
sin. compl. **semimicroanàlisi**

es mesoanálisis, semimicroanálisis
en mesoanalysis, semimicroanalysis

Anàlisi d'una mostra la massa de la qual es troba entre 0,01 i 0,1 g.

1176 **mesurador de pH** *m*
veg. **pH-metre**

1177 **mesurament d'admitància no faradaica** *m*
sin. compl. **tensametria**

es medición de admitancia no faradaica, tensametría
en nonfaradaic admittance measurement, tensammetry

Tècnica electroquímica amb la qual es mesura la intensitat del component altern de corrent que circula per una cel·la polarogràfica en funció del potencial continu creixent aplicat, sobre el qual se sobreimposa un potencial altern d'amplitud petita en condicions experimentals en què tenen lloc processos no faradaics.

Nota: El terme *tensametria* no és recomanat per la IUPAC.

1178 **mètode d'interferència fixa** *m*

es método de interferencia fija
en fixed interference method

Mètode de determinació del coeficient de selectivitat potenciomètrica d'un elèctrode selectiu d'ions consistent a mesurar el potencial d'una cel·la, constituïda per aquest elèctrode i un de referència, en solucions de nivell constant d'interferència i d'activitat diferent de l'ió primari.

1179 **mètode de Dumas** *m*

es método de Dumas
en Dumas method

Mètode de determinació de nitrogen en composts orgànics en què la mostra en presència d'òxid de coure és sotmesa a combustió en una atmosfera inert i els òxids de nitrogen produïts són reduïts a nitrogen gas, que finalment és mesurat.

1180 **mètode de Fajans** *m*

es método de Fajans
en Fajans method

Anàlisi titulomètrica de precipitació, generalment d'halurs, en què el punt final és indicat pel canvi de color d'un indicador acolorit en ésser absorbit sobre el precipitat o en ésser desorbit del precipitat.

1181 **mètode de Gran** *m*

es método de Gran
en Gran method

Mètode de tractament matemàtic de les dades d'una valoració potenciomètrica que s'utilitza per a detectar el punt final d'una valoració sense necessitat d'arribar-hi i per a l'estandardització dels pH-metres i altres mesuradors potenciomètrics.

1182 **mètode de Job** *m*
veg. **mètode de les variacions contínues**

1183 **mètode de Karl Fischer** *m*

es método de Karl Fischer
en Karl Fischer method

Mètode volumètric per a determinar l'aigua en què s'utilitza com a reactiu una solució de iode i diòxid de sofre en una mescla de piridina i metanol.

1184 **mètode de Kjeldahl** *m*

es método de Kjeldahl
en Kjeldahl method

Mètode analític per a determinar el nitrogen en composts orgànics basat en la seva reducció a amoníac i la valoració final d'aquest.

1185 **mètode de l'addició coneguda** *m*
veg. **mètode de l'addició estàndard**

1186 **mètode de l'addició estàndard** *m*
sin. compl. **mètode de l'addició coneguda**

es método de adición estándard, método de la adición conocida
en known addition method, standard addition method

Mètode analític per a determinar la concentració d'una espècie particular en una mostra per addició de quantitats conegudes de la mateixa espècie a la solució de la mostra.

1187 **mètode de la subtracció coneguda** *m*
veg. **mètode de la subtracció estàndard**

1188 **mètode de la subtracció estàndard** *m*
sin. compl. **mètode de la subtracció coneguda**

es método de la sustracción conocida, método de la sustracción estándard
en known subtraction method, standard subtraction method

Mètode analític per a mesurar els canvis d'una propietat física provocats per l'addició d'una quantitat coneguda d'una espècie que reacciona estequiomètricament amb l'espècie d'interès i per a determinar la seva activitat o concentració.

1189 **mètode de les solucions separades** *m*

es método de las soluciones separadas
en separate solution method

Mètode analític per a mesurar el potencial d'una cel·la, constituïda per un elèctrode selectiu d'ions i un de referència, en cadascuna de dues solucions separades, les quals contenen ions diferents però amb una mateixa activitat, i per a calcular, amb aquests mesuraments, el coeficient de selectivitat potenciomètrica.

1190 **mètode de les variacions contínues** *m*
sin. compl. **mètode de Job**

es método de Job, método de las variaciones contínuas
en Job method, method of continuous variation

Mètode analític per a trobar l'estequiometria d'un complex, consistent a mesurar una propietat d'una sèrie de solucions que contenen diferents relacions metall-lligand, però amb la mateixa concentració total, i a determinar la relació que dóna la màxima resposta.

1191 **mètode de Mohr** *m*

es método de Mohr
en Mohr method

Mètode analític per a determinar clorurs o bromurs mitjançant la seva valoració directa en una solució neutra amb una solució patró de nitrat de plata en presència d'ions cromat com a indicadors.

1192 **mètode de Schöniger** *m*

es método de Schöniger
en Schöniger method

Mètode analític de descomposició d'una mostra orgànica per combustió en un flascó precintat, prèviament omplert amb oxigen i que conté una solució absorbent dels productes de combustió.

1193 **mètode de Volhard** *m*

es método de Volhard
en Volhard method

Mètode analític per a determinar halurs en un medi àcid per tractament amb un excés d'una solució patró de nitrat de plata, i en què se'n valora l'excés amb solució de tiocianat de potassi utilitzant una sal de ferro(III) com a indicador.

1194 **mètode del patró intern** *m*

es método del patrón interno
en internal-standard method

Mètode d'anàlisi instrumental basat en l'addició d'una quantitat d'una substància patró interna per a la qual la corba analítica, en unes condicions donades de determinació, és igual a la del constituent a determinar, i que s'utilitza quan les condicions de l'experiment són difícilment reproduïbles.

1195 **mètode directe** *m*

es método directo
en direct method

Mètode analític en el qual el senyal característic del component que ha d'ésser detectat o determinat és directament la base del mesurament.

1196 **mètode indirecte** *m*

es método indirecto
en indirect method

Mètode analític basat en la determinació del senyal analític característic d'un constituent que reacciona estequiomètricament amb el constituent que és objecte de la determinació o que és el producte d'aquesta reacció.

1197 **mètode per via humida** *m*

es método por vía húmeda
en wet method

Mètode analític d'una mostra sòlida que es duu a terme després de dissoldre-la.

1198 **mètode per via seca** *m*

es método por vía seca
en dry method

Mètode analític d'una mostra sòlida que es duu a terme directament, sense necessitat de dissoldre-la.

1199 **microanàlisi** *f*

es microanálisis
en microanalysis

Anàlisi d'una mostra la massa de la qual es troba entre 0,001 i 0,01 g.

1200 **microbalança** *f*
sin. compl. **balança microquímica**

es microbalanza
en microbalance, microchemical balance

Balança de molta sensibilitat, que té una precisió de 0,001 a 0,005 mg i una capacitat màxima de càrrega de 5 a 20 g.

1201 **microcomponent** *m*

es microcomponente
en microcomponent

Substància present en una solució que normalment no és precipitada o que no dóna altres senyals en les tècniques analítiques ordinàries a causa de la seva baixa concentració.

1202 **microfotòmetre** *m*
sin. compl. **densitòmetre**

es densitómetro, microfotómetro
en densitometer, microphotometer

Instrument per a mesurar l'ennegriment d'una placa fotogràfica.

Nota: El terme *densitòmetre* no és recomanat per la IUPAC.

1203 **microscopi** *m*

es microscopio
en microscope

Aparell consistent en una lent o un sistema de lents, que dóna imatges amplificades dels objectes petits.

1204 **microscòpia d'electrons Auger** *f*
sigla **AEM**

es microscopia de electrones Auger
en Auger-electron microscopy

Espectrometria d'electrons Auger utilitzada per a l'observació de la topografia de la distribució dels elements en les capes més superficials d'un sòlid, i que es realitza per escombratge d'un feix d'electrons sobre una superfície sòlida.

1205 **microscòpia fotoelectrònica** *f*
sigla **PEM**

es microscopia fotoelectrónica
en photoelectron microscopy

Tècnica analítica per la qual s'irradia la superfície d'una mostra amb raigs X o radiació ultraviolada per tal de generar fotoelectrons, l'energia dels quals és analitzada, i que permet obtenir mapes de les espècies d'on procedeixen presents a la superfície.

1206 **micròtom** *m*

es micrótomo
en microtome

Instrument per a tallar seccions primes de gruix uniforme d'un teixit orgànic, destinades a ésser observades en el microscopi.

1207 **microtraça** *f*

es microtraza
en microtrace

Constituent traça contingut en una mostra en una proporció de 10^{-7} a 10^{-4} %.

1208 **mida de malla** *f*

es tamaño de malla
en mesh size

Nombre d'espais per polzada en una malla estàndard de tamís, que s'utilitza per a separar partícules segons les seves dimensions.

1209 **migració iònica** *f*

es migración iónica
en migration of ions

Moviment dels ions sota la influència d'un camp elèctric.

1210 **miscible** *adj*

es miscible
en miscible

Dit d'alguns líquids i algunes substàncies que tenen la propietat de poder-se mesclar formant una fase homogènia.

1211 **mitjana aritmètica** *f*
sin. compl. **valor mitjà**

es media aritmética, valor medio
en arithmetic mean, mean value

Mesura de la tendència central d'un conjunt de valors d'una variable, igual a la suma d'aquests valors dividida pel seu nombre.

1212 **mitjana de senyals** *f*

es promedio de señales
en signal average

Mitjana d'escombratges successius d'una variable independent que, en compensar les variacions aleatòries de la resposta instrumental, permet d'augmentar la raó senyal-soroll de fons.

1213 **mitjana geomètrica** *f*

es media geométrica
en geometric mean

Mesura de la tendència central d'una variable, igual a l'arrel enèsima del producte dels valors observats de la variable, essent *n* el nombre d'aquests valors.

1214 **mobilitat** *f*

es movilidad
en mobility

Velocitat d'un portador de càrrega elèctrica per unitat de camp elèctric aplicat.

1215 **modificador de la matriu** *m*

es modificador de la matriz
en matrix modifier

Substància que, en espectrometria d'absorció atòmica, s'afegeix a la mostra preparada per a retardar l'evaporació de l'analit fins que la matriu està totalment incinerada.

1216 **mol** *m*

es mol
en mole

Unitat de quantitat de matèria que equival a la d'un sistema que conté tantes entitats elementals com àtoms hi ha en 0,012 kg de carboni 12.

Nota: El seu símbol és *mol.*

1217 **molalitat** *f*
sin. compl. **concentració molal**

es concentración molal, molalidad
en molal concentration, molality

Nombre de mols de solut continguts en un quilogram de solvent.

Nota: El seu símbol és *m*.

1218 **molaritat** *f*
sin. compl. **concentració molar**

es concentración molar, molaridad
en molar concentration, molarity

Nombre de mols de substància dissolta en un litre de solució.

Nota: El seu símbol és *M*.

1219 **molècula amfipròtica** *f*

es molécula anfiprótica
en amphiprotic molecule

Molècula que pot actuar com a donadora i receptora de protons.

1220 **molècula gram** *f*

es molécula-gramo
en gram molecule

Nombre de grams d'una substància que equival numèricament a la seva massa molecular relativa.

1221 **molí** *m*

es molino
en mill

Aparell de moldre que redueix les substàncies a fragments petits.

1222 **monocromador** *m*

es monocromador
en monochromator

Dispositiu consistent en un prisma o una xarxa de difracció que permet obtenir una radiació monocromàtica.

1223 **morter** *m*

es mortero
en mortar

Vas de vidre, ferro, àgata, mul·lita, porcellana, etc., de cavitat semiesfèrica on es trituren substàncies fragmentades que es volen polvoritzar mitjançant una mà de morter del mateix material.

1224 **morter d'Abich** *m*
sin. compl. **morter de percussió**

es mortero de Abich, mortero de percusión
en Abich mortar, percussion mortar

Morter consistent en un tub d'acer, muntat verticalment sobre un peu, al qual s'ajusta un cilindre del mateix material i per mitjà de cops de martell s'obté fragments molt petits d'un material dur.

1225 **morter de percussió** *m*
veg. **morter d'Abich**

1226 **MOS** *f*
veg. **espectroscòpia Mössbauer**

es MOS
en MOS

1227 **mostra** *f*

es muestra
en sample

Part representativa del material a analitzar utilitzada per a estudiar una característica determinada amb l'objectiu final d'extrapolar conclusions sobre la distribució del valor estudiat en el conjunt del material.

1228 **mostra aleatòria** *f*

es muestra aleatoria
en random sample

Mostra en la qual cada element que compon el material té la mateixa probabilitat d'ésser-hi inclòs.

1229 **mostra analítica** *f*

es muestra analítica
en analytical sample

Part de la mostra utilitzada per a cadascuna de les determinacions o les investigacions que s'hi han de dur a terme.

1230 **mostra bruta** *f*

es muestra bruta
en gross sample

Mostra presa en una quantitat

gran i constituïda per un gran nombre d'increments presos aleatòriament, la qual, després d'un primer pas d'homogeneïtzació, és preparada per ésser remesa a un laboratori.

1231 **mostra composta** *f*

es muestra compuesta
en composite sample

Mostra preparada a partir d'un material heterogeni que és representativa d'aquest tant pel que fa a la grandària de les partícules que la componen com pel que fa a la seva composició química.

1232 **mostra patró** *f*

es muestra patrón
en reference sample

Mostra consistent en un solvent, un blanc o una solució de referència que s'utilitza per a calibrar un instrument.

1233 **multiplicador d'electrons secundaris** *m*

es multiplicador de electrones secundarios
en secondary electron multiplier

Dispositiu que permet de multiplicar el corrent d'un feix d'electrons mitjançant la incidència dels electrons accelerats sobre la superfície dels dínodes, que produeixen un nombre d'electrons secundaris superior al nombre d'electrons incidents.

N

1234 **nanotraça** *f*

es nanotraza
en nanotrace

Constituent traça contingut en una mostra en una proporció de 10^{-10} a 10^{-7} %.

1235 **naveta** *f*

es navecilla
en sampling cup

Gresol de petites dimensions, de material refractari, per a cremar-hi composts orgànics dins un tub de combustió.

1236 **nebulització** *f*

es nebulización
en nebulization

Conversió d'una solució en una boira o en un aerosol de gotetes fines mitjançant un nebulitzador.

1237 **nebulitzador** *m*

es nebulizador
en nebulizer

Aparell polvoritzador que permet d'obtenir una dispersió fina d'una solució en un gas.

Nota: Els *nebulitzadors* pròpiament dits no han d'ésser anomenats *atomitzadors*.

1238 **nefelòmetre** *m*

es nefelómetro
en nephelometer

Instrument que consta principalment d'una font lluminosa, una cel·la per a la mostra i un detector fotoelèctric per a mesurar la intensitat de la llum dispersada en direcció perpendicular al feix incident.

1239 **nefelometria** *f*

es nefelometría
en nephelometry

Mètode d'anàlisi quantitativa de suspensions tèrboles per a mesurar la intensitat de llum dispersada, generalment en direcció perpendicular al feix de llum incident, per les partícules presents en una suspensió.

1240 **NIR** *m*
veg. **infraroig proper**

es NIR
en NIR

1241 **nivell de valoració** *m*

es nivel de valoración
en level of titration

Ordre de magnitud de la concentració a la qual és utilitzat un reactiu valorant.

1242 **NMR** *f*
veg. **ressonància magnètica nuclear**

es NMR
en NMR

1243 **no-electròlit** *m*

es no electrólito
en nonelectrolyte

Substància que no es dissocia en ions quan es dissol o es fon.

1244 **nombre d'Avogadro** *m*
veg. **constant d'Avogadro**

1245 **nombre d'ona** *m*

es número de onda
en wave number

Nombre recíproc de la longitud d'ona.

Nota: Es mesura en cm^{-1}. El seu símbol és $\bar{v}$.

1246 **nombre de plats teòrics** *m*

es número de platos teóricos
en theoretical plate number

Paràmetre que indica l'eficàcia d'una columna cromatogràfica en funció del volum o del temps d'elució i de l'amplada del pic cromatogràfic.

Nota: El seu símbol és *n*.

1247 **nombre de plats teòrics efectius** *m*

es número de platos teóricos efectivos
en effective theoretical plate number

Paràmetre que indica l'eficàcia d'una columna cromatogràfica tenint en compte la resolució, calculada a partir de la resolució cromatogràfica i del factor de separació.

Nota: El seu símbol és *N*.

1248 **nònius** *m*
veg. **vernier**

1249 **normalitat** *f*

es normalidad
en normality

Nombre d'equivalents gram d'una substància dissolts en un litre de solució.

Nota: El seu símbol és *N*.

1250 **normalització** *f*
veg. **estandardització**

1251 **nucleació** *f*

es nucleación
en nucleation

Formació de les primeres partícules per creixement, de les quals apareix una segona fase en un sistema, prèviament homogeni, en forma de gotes, quan és un líquid que es condensa des d'una fase gasosa, o bé en forma d'agregats sòlids, quan és un precipitat que sorgeix en el si d'una solució.

1252 **nucleació cristal·lina** *f*

es nucleación cristalina
en crystal nucleation

Nucleació que té lloc sobre un germen cristal·lí.

1253 **nucleació heterogènia** *f*

es nucleación heterogénea
en heterogeneous nucleation

Nucleació d'un compost sobre una partícula d'una substància estranya que actua com a nucli.

1254 **nucleació homogènia** *f*

es nucleación homogénea
en homogeneous nucleation

Nucleació d'un compost químic en el si d'una fase homogènia.

1255 **nucli de cristal·lització** *m*

es núcleo de cristalización
en nucleus for crystallization

Agregació mínima d'àtoms, molècules o ions de la fase sòlida, que es forma en els moments inicials d'una precipitació i que és capaç de créixer espontàniament.

O

1256 **oclusió** *f*
sin. compl. **oclusió molecular**

es oclusión, oclusión molecular
en molecular occlusion, occlusion

Procés d'incorporació de substàncies estranyes en forma d'espècies moleculars dins els precipitats durant la seva formació.

1257 **oclusió molecular** *f*
veg. **oclusió**

1258 **ona anòdica** *f*

es onda anódica
en anodic wave

Ona polarogràfica consistent en un senyal de corrent produït per un procés d'oxidació de l'analit.

1259 **ona catalítica** *f*

es onda catalítica
en catalytic wave

Ona polarogràfica que s'obté quan el compost que reacciona a l'elèctrode és regenerat ràpidament per reacció amb una altra espècie, amb la qual cosa l'ona polarogràfica s'incrementa.

1260 **ona catòdica** *f*

es onda catódica
en cathodic wave

Ona polarogràfica consistent en un senyal de corrent produït per un procés de reducció de l'analit.

1261 **ona polarogràfica** *f*

es onda polarográfica
en polarographic wave

Part d'una corba polarogràfica en forma d'esglaó corresponent a la producció d'una reacció electròdica.

1262 **oscil·lometria** *f*
veg. **conductometria d'alta freqüència**

1263 **oscil·lopolarografia** *f*
veg. **polarografia oscil·logràfica**

1264 **osmolaritat** *f*

es osmolaridad
en osmolarity

Expressió de la concentració d'una solució aquosa osmòticament activa, que indica el nombre total de partícules, ions i molècules per litre de solució.

1265 **osmòmetre** *m*

es osmómetro
en osmometer

Instrument per a mesurar la pressió osmòtica.

1266 **oxidació** *f*

es oxidación
en oxidation

Reacció química que implica la pèrdua d'un o més electrons en una molècula, un àtom o un ió.

1267 **oxidant** *m*
veg. **agent oxidant**

1268 **oxidimetria** *f*

es oxidimetría
en oxidimetry

Determinació de substàncies mitjançant la valoració amb solucions estàndard d'agents oxidants.

1269 **papallona** *f*

es mariposa
en butterfly

Tub de metall aixafat per un extrem, en forma de cua de peix, que, acoblat a un bec de gas, fa sortir la flama plana per a doblegar, estirar, etc., un tub de vidre.

1270 **paper de filtre** *m*

es papel de filtro
en filter paper

Paper de cel·lulosa porosa utilitzat per a fer filtracions.

Nota: N'hi ha de diferents graus de porositat i de resistència, tant mecànica com química.

1271 **paper de filtre sense cendra** *m*

es papel de filtro sin ceniza
en ashless filter paper

Paper de filtre tractat especialment amb àcids perquè deixi un residu negligible després de la seva calcinació, que s'utilitza en gravimetria.

1272 **paper de pesar** *m*

es papel para pesar
en weighing paper

Paper utilitzat com a base sobre la qual es col·loca un reactiu sòlid en una balança, que té una superfície molt llisa que no reté els sòlids quan es transfereixen a un recipient.

1273 **paper indicador** *m*

es papel indicador
en indicator paper

Paper reactiu impregnat d'un indicador acidobàsic utilitzat per a verificar el pH d'una solució.

1274 **paper reactiu** *m*

es papel reactivo
en reactive paper

Paper impregnat amb la solució d'un reactiu analític d'una substància que, pel canvi de coloració que experimenta en tocar un vapor o una solució, dóna informació qualitativa de la presència d'un component determinat.

1275 **paral·laxi** *f*

es paralaje
en parallax

Efecte consistent en el desplaçament aparent d'un objecte quan l'observador canvia de posició, el qual es produeix quan es fa la lectura de l'escala d'un instrument des d'un punt que no està situat a la perpendicular de l'escala, de manera que la lectura aparent no es correspon al valor real.

1276 **paràmetre de qualitat** *m*

es figura de mérito, parámetro de calidad
en figure of merit

Valor numèric de cadascuna de les característiques d'un procediment analític, que fixen o limiten el camp d'aplicació del procediment.

Nota: Els paràmetres de qualitat poden ésser el límit de detecció i de quantificació, la sensibilitat, el coeficient de selectivitat, etc.

1277 **parell àcid-base conjugat** *m*
veg. **parell acidobàsic conjugat**

1278 **parell acidobàsic conjugat** *m*
sin. compl. **parell àcid-base conjugat**

es par ácido-base conjugado
en conjugate acid-base pair

Conjunt format per un àcid i una base relacionats pel guany o la pèrdua d'un únic protó.

1279 **parell d'oxidació-reducció** *m*
sin. compl. **parell redox**

es par de oxidación-reducción, par redox
en oxidation-reduction couple, redox couple

Parell d'espècies relacionades directament per la transferència d'un o més electrons.

1280 **parell iònic** *m*

es par iónico
en ion pair

Conjunt de dos ions de càrrega oposada que es mantenen junts temporalment per atracció coulòmbica, i que és el resultat de l'agitació tèrmica dels ions d'una solució.

1281 **parell redox** *m*
veg. **parell d'oxidació-reducció**

1282 **parell termoelèctric** *m*
sin. compl. **termoparell**

es par termoeléctrico, termopar
en thermocouple

Dispositiu basat en la diferència de potencial que es produeix en la unió elèctrica entre dos metalls quan hi ha una diferència de temperatura entre ells.

1283 **part alíquota** *f*
sin. compl. **alíquota**

es alícuota, parte alícuota
en aliquot, aliquot part

Porció mesurada d'un líquid, d'una solució o, en general, d'una mostra que s'ha d'analitzar.

1284 **part per bilió** *f*
abrev. **ppb**

es parte por billón
en part per billion

Expressió de concentració que es refereix a un microgram per quilogram de solució.

Nota: Aquest terme és desaconsellat per la IUPAC.

1285 **part per mil** *f*
abrev. **ppt**

es parte por mil
en part per thousand

Expressió de concentració que es refereix a un gram per quilogram de solució.

1286 **part per milió** *f*
abrev. **ppm**

es parte por millón
en part per million

Expressió de concentració que es

refereix a un mil·ligram per quilogram de solució.

1287 **part per trilió** *f*

es parte por trillón
en part per trillion

Expressió de concentració que es refereix a un nanogram per quilogram de solució.

Nota: Aquest terme és desaconsellat per la IUPAC.

1288 **partició entre dos líquids** *f*
veg. **distribució líquid-líquid**

1289 **partícula microporosa** *f*

es partícula microporosa
en microporous particle

Partícula porosa de 5 a 10 mm de diàmetre que constitueix la fase estacionària en cromatografia líquida d'alta resolució i que presenta una gran capacitat per a separar soluts.

1290 **partícula pel·licular** *f*

es partícula pelicular
en pellicular particle

Partícula recoberta d'una capa de líquid que constitueix la fase estacionària en cromatografia líquida d'alta resolució, i que presenta una alta eficàcia però una capacitat reduïda.

1291 **PAS** *f*
veg. **espectroscòpia optoacústica**

es PAS
en PAS

1292 **patró** *m*
veg. **substància patró**

1293 **patró intern** *m*
veg. **substància patró interna**

1294 **patró primari** *m*
veg. **substància patró primària**

1295 **patró secundari** *m*
veg. **substància patró secundària**

1296 **PC** *f*
veg. **cromatografia sobre paper**

es PC
en PC

1297 **PEM** *f*
veg. **microscòpia fotoelectrònica**

es PEM
en PEM

1298 **peptització** *f*

es peptización
en peptization

Procés consistent en la dispersió dels agregats per formar una emulsió o una suspensió col·loïdalment estable.

Nota: La peptització és el procés contrari a la coagulació.

1299 **pera de succió** *f*

es pera de succión
en aspirator pear

Pera de goma amb uns dispositius especials que és utilitzada per a succionar i vessar líquids a través d'una pipeta.

1300 **percentatge d'error** *m*

es porcentaje de error
en percentage error

Expressió de l'error com a percentatge del valor real.

1301 **percentatge de recuperació** *m*

es porcentaje de recuperación
en percentage recovery

Expressió d'un resultat com a percentatge del valor real, utilitzada per a caracteritzar la capacitat d'un procediment analític quantitatiu en la determinació de la quantitat total de l'analit sotmesa a l'anàlisi.

1302 **percentatge en pes-volum** *m*

es porcentaje en peso-volumen
en weight-volume percent

Percentatge del quocient entre el pes del solut i el volum de la solució.

1303 **percentatge en volum** *m*

es porcentaje en volumen
en volum percent

Percentatge del quocient entre el volum del solut i el volum de la solució, particularment utilitzat quan els dos components del sistema són líquids.

1304 **percolació** *f*

es percolación
en percolation

Procés consistent a fer passar repetidament un solvent calent a través d'una capa de sòlid per a extreure'n els components solubles.

Nota: La percolació constitueix un cas particular d'extracció sòlid-líquid.

1305 **percolador** *m*

es percolador
en percolator

Aparell per a dur a terme una extracció sòlid-líquid, especialment el de tipus discontinu.

1306 **perforador** *m*

es perforador
en perforator

Aparell per a dur a terme una extracció líquid-líquid, especialment el de tipus discontinu.

1307 **perla de bòrax** *f*

es perla de bórax
en borax bead

Massa transparent i vítria que es forma per la fusió de bòrax en un fil de platí.

1308 **permanganimetria** *f*

es permanganimetría
en permanganometry

Determinació d'una substància mitjançant la valoració amb una solució estàndard de permanganat de potassi.

1309 **permeació selectiva** *f*

es permeación selectiva
en permselectivity

Penetració de certes espècies iòniques en major nombre que altres espècies a través de membranes bescanviadores d'ions.

1310 **permitivitat** *f*
sin. compl. **permitivitat absoluta, permitivitat dielèctrica**

es permitividad, permitividad absoluta, permitividad dieléctrica
en absolute permittivity, permittivity

Constant que expressa la influència d'un medi isòtrop sobre les forces d'atracció o de repulsió entre cossos carregats elèctricament.

Nota: El seu símbol és ε.

1311 **permitivitat absoluta** *f*
veg. **permitivitat**

1312 **permitivitat dielèctrica** *f*
veg. **permitivitat**

1313 **permitivitat relativa** *f*
sin. compl. **constant dielèctrica**

es constante dieléctrica, permitividad relativa
en dielectric constant, relative permittivity

Relació entre la permitivitat d'un sistema i la permitivitat del buit.

1314 **PES** *f*
veg. **espectrometria fotoelectrònica**

es PES
en PES

1315 **pes atòmic** *m*
veg. **massa atòmica relativa**

1316 **pes equivalent** *m*

es peso equivalente
en equivalent weight

Massa d'un equivalent de substància.

1317 **pes fórmula** *m*

es peso fórmula
en formula weight

Massa que correspon a un mol de la fórmula química d'una substància i que és igual a la suma dels pesos atòmics dels àtoms que intervenen en la fórmula d'aquesta substància.

1318 **pes molecular** *m*
veg. **massa molecular relativa**

1319 **pesafiltres** *m*

es pesafiltros, pesasustancias
en weighing bottle

Flascó de vidre, amb tap esmerilat, utilitzat per a pesar substàncies, especialment sòlides.

1320 **pH** *m*

es pH
en pH

Logaritme decimal canviat de signe de l'activitat de l'ió hidrogen en una solució, que n'indica el grau d'acidesa o basicitat.

Nota: *pH* és una abreviació de *potencial d'hidrogen*. Es pronuncia *pehac*.

1321 **pH isoelèctric** *m*
sin. **punt isoelèctric**

es pH isoeléctrico, punto isoeléctrico
en isoelectric pH, isoelectric point

pH en què la càrrega mitjana d'una espècie amfipròtica és nul·la.

1322 **pH isoiònic** *m*
sin. **punt isoiònic**

es pH isoiónico, punto isoiónico
en isoionic pH, isoionic point

pH d'una solució pura d'una molècula amfipròtica neutra.

1323 **pH-metre** *m*
sin. compl. **mesurador de pH**

es medidor de pH, pH-metro
en pH-meter

Potenciòmetre dotat d'elèctrodes adequats i convenientment disposat per a mesurar el pH d'una solució.

Nota: Pronunciat *pehàcmetre*.

1324 **pH-stat** *m*

es pH-stat
en pH-stat

pH-metre connectat a un servosistema que manté constant el pH d'una solució afegint-hi automàticament quantitats d'un àcid o d'una base.

Nota: Pronunciat *pehàcstat*.

1325 **pic** *m*

es pico
en peak

Forma d'una corba analítica obtinguda amb un detector diferencial, en què el senyal mesurat correspon al valor d'una propietat de l'analit a cada instant successiu o a cada valor successiu de la variable independent.

1326 **pic base** *m*

es pico base
en base peak

Ratlla espectral més intensa en un espectre de masses, corresponent a l'ió més abundant segons la naturalesa del compost.

1327 **pic cromatogràfic** *m*
sin. compl. **banda d'elució**

es banda de elución, pico cromatográfico
en chromatographic peak, elution band

Pic corresponent a cada component de l'analit en un cromatograma.

1328 **pic de l'aire** *m*

es pico del aire
en air peak

Pic cromatogràfic produït a causa de la presència de petites quantitats d'aire en la columna cromatogràfica durant la injecció d'una mostra en cromatografia de gasos.

1329 **pic endotèrmic** *m*

es pico endotérmico
en endothermic peak

Pic que s'obté en els gràfics d'anàlisi tèrmica diferencial quan la mostra sofreix una reacció endotèrmica en baixar la temperatura de la mostra per sota de la del material de referència.

1330 **pic exotèrmic** *m*

es pico exotérmico
en exothermic peak

Pic que s'obté en els gràfics d'anàlisi tèrmica diferencial quan la mostra sofreix una reacció exotèrmica en superar la temperatura de la mostra la del material de referència.

1331 **pic metastable** *m*

es pico metaestable
en metastable peak

Ratlla espectral produïda per una descomposició metastable en espectrometria de masses.

1332 **pic no resolt** *m*

es pico no resuelto
en unresolved peak

Pic que representa dos o més components no separats o parcialment separats.

1333 **picnòmetre** *m*

es picnómetro
en pycnometer

Recipient de volum definit utilitzat per a pesar un líquid i determinar-ne el pes específic, per comparació amb el pes del mateix volum d'aigua.

1334 **picotraça** *f*

es picotraza
en picotrace

Constituent traça contingut en una mostra en una proporció de 10^{-13} a 10^{-10} %.

1335 **piezòmetre** *m*

es piezómetro
en piezometer

Intrument per a mesurar la compressibilitat dels líquids.

1336 **pila** *f*
sin. compl. **pila elèctrica**

es pila, pila eléctrica
en battery, cell, electric cell

Generador electroquímic, constituït principalment per un electròlit i dos elèctrodes, que produeix una tensió contínua per acció d'una reacció química.

1337 **pila de concentració** *f*

es pila de concentración
en concentration cell

Cel·la electroquímica en què l'energia elèctrica es genera a partir del canvi d'energia lliure que acompanya el pas d'una substància des d'un sistema d'alta concentració a un altre de baixa concentració.

1338 **pila de Weston** *f*

es pila de Weston
en Weston cell

Pila patró consistent en un ànode de cadmi amalgamat, cobert amb cristalls de sulfat de cadmi i submergit en una solució saturada d'aquesta sal, i un càtode de mercuri cobert amb sulfat de mercuri sòlid.

1339 **pila elèctrica** *f*
veg. **pila**

1340 **pinça de Fischer** *f*

es pinza de Fischer
en Fischer clamp

Suport per a bureta, consistent en un braç fix en forma de V i dos de mòbils, que es mouen en el mateix pla i pincen la bureta en posició vertical.

1341 **pinça de Fischer** *f*

es pinza de Fischer
en Fischer clamp

Dispositiu per a obturar el pas d'un tub elàstic.

1342 **pinça de Hoffman** *f*

es pinza de Hoffman
en Hoffman clamp

Instrument consistent en un marquet metàl·lic, dos costats del qual fan de guia d'una peça mòbil que avança paral·lela als altres dos costats per mitjà d'un cargol, el qual l'empeny fins a obturar el pas d'un tub elàstic.

1343 **pinça de Mohr** *f*

es pinza de Mohr
en Mohr clip

Clip especial per a obturar un tub elàstic.

1344 **pinça per a gresol** *f*

es pinza para crisol
en crucible tong

Pinça que té les puntes, generalment protegides amb amiant, convenientment dissenyades per a agafar gresols.

Nota: Usat generalment en plural.

1345 **pipeta** *f*

es pipeta
en pipet, pipette

Tub de vidre calibrat per a mesurar el volum fix o variable del líquid que aboca.

1346 **pipeta automàtica** *f*

es pipeta automática
en automatic pipette

Pipeta amb dipòsit de càrrega incorporat, la qual es pot reomplir fins a un volum màxim que coincideixi amb l'arrasament de la marca d'aforament.

1347 **pipeta d'èmbol** *f*

es pipeta de émbolo
en plunger pipette

Pipeta graduada en la qual la succió i l'abocament del líquid és fan de manera semblant a les d'una xeringa, per mitjà d'un èmbol incorporat.

1348 **pipeta graduada** *f*

es pipeta graduada
en graduated pipette

Tub de vidre graduat que serveix per a mesurar les quantitats del líquid que aboca.

1349 **piròmetre** *m*

es pirómetro
en pyrometer

Instrument per a mesurar temperatures elevades.

1350 **pK** *m*

es pK
en pK

Logaritme decimal canviat de signe d'una constant d'equilibri.

1351 **placa calefactora** *f*

es placa calefactora
en heating plate

Calefactor consistent en una planxa escalfada per resistències elèctriques o per gas, que s'utilitza per a escalfar atuells especialment quan contenen solvents inflamables.

1352 **placa cromatogràfica** *f*

es placa cromatográfica
en chromatographic plate

Suport laminat de vidre o de plàstic, especial per a adaptar-hi una capa prima de material cromatogràfic suport, generalment alúmina o gel de sílice.

1353 **placa de tocs** *f*

es placa de toques
en assay plate

Placa de porcellana amb diverses concavitats, utilitzada per a dur a terme reaccions a la gota.

1354 **placa filtrant** *f*

es placa filtrante
en filtering plate

Placa constituïda per un material porós a través del qual es poden fer filtracions.

1355 **placa suport** *f*

es placa soporte
en support plate

Placa que sosté la capa prima en una cromatografia de capa prima.

1356 **plasma** *m*

es plasma
en plasma

Estat de la matèria, existent a temperatures molt altes i a pressions extremadament baixes, caracteritzat per la presència d'electrons lliures i d'ions positius lliures, que s'utilitza en espectrometria d'absorció o d'emissió atòmica.

1357 **plasma induït per alta freqüència** *m*
sigla **ICP**

es plasma inducido por alta frecuencia
en inductively coupled plasma

Plasma produït per inducció des d'un camp electromagnètic d'alta freqüència, les partícules carregades del qual vibren acoblades a aquest camp.

1358 **plat teòric** *m*

es plato teórico
en theoretical plate

Part d'una columna cromatogràfica o de destil·lació en què es produeix una diferència de composició entre les fases mòbils igual a la que existeix entre elles en un estat d'equilibri.

1359 **plataforma de L'vov** *f*

es plataforma de L'vov
en L'vov platform

Plataforma sobre la qual es col·loca la mostra en un forn de grafit per a evitar la vaporització de la mostra abans que la paret arribi a una temperatura constant, i que s'utilitza en espectroscòpia atòmica.

1360 **poder de resolució** *m*
sin. **resolució**

es poder de resolución, resolución
en resolution, resolving power

Capacitat d'un instrument, d'un detector o d'un procediment analítics per a distingir dos analits que produeixen senyals molt pròxims o molt semblants.

1361 **poder de resolució en massa** *m*

es poder de resolución en masa
en resolving power mass

Capacitat de poder distingir els ions amb relacions de massa-càrrega que difereixen només en un petit increment.

1362 **polarímetre** *m*

es polarímetro
en polarimeter

Instrument que serveix per a mesurar la rotació del pla de polarització d'una radiació polaritzada en travessar un medi òpticament actiu.

1363 **polarimetria** *f*

es polarimetría
en polarimetry

Mesurament de l'angle de rotació del pla de vibració de la llum polaritzada quan aquesta travessa un medi que conté una substància òpticament activa, generalment en dissolució.

1364 **polaritzabilitat** *f*

es polarizabilidad
en polarizability

Tendència a deformar-se un ió, perdent la simetria esfèrica de l'ió lliure, a conseqüència d'atraccions o repulsions electrostàtiques que experimenta el núvol electrònic.

1365 **polaritzabilitat** *f*

es polarizabilidad
en polarizability

Constant de proporcionalitat que relaciona els dipols induïts amb la intensitat del camp elèctric aplicat.

1366 **polarització** *f*
sin. compl. **polarització elèctrica**

es polarización, polarización eléctrica
en electric polarization, polarization

Fenomen que, en un medi dielèctric neutre, provoca la separació de les càrregues elèctriques positives i negatives que el componen.

1367 **polarització** *f*

es polarización
en polarization

Condició d'una radiació electromagnètica el vector del camp elèctric de la qual manté una certa orientació.

1368 **polarització cinètica** *f*

es polarización cinética
en kinetic polarization

Variació del potencial d'un elèctrode que s'observa sempre que es produeix un sobrepotencial en un procés d'elèctrode que té lloc a una velocitat finita.

1369 **polarització circular de la llum** *f*

es polarización circular de la luz
en circular light polarization

Polarització en què el vector del camp elèctric descriu, bé en el sentit de les agulles del rellotge o bé en direcció oposada, un cercle.

1370 **polarització d'un elèctrode** *f*

es polarización de electrodo
en electrode polarization

Variació del valor absolut del potencial d'un elèctrode quan per alguna causa es dificulta o s'impossibilita el procés de transferència electrònica que hi hauria de tenir lloc.

1371 **polarització de concentració** *f*

es polarización de concentración
en concentration polarization

Variació del potencial que es produeix quan una reacció d'elèctrode succeeix tan ràpidament que la concentració del solut a l'entorn de la superfície de l'elèctrode esdevé diferent que en el si de la solució, i la diferència produïda no pot ésser compensada per la difusió del solut.

1372 **polarització elèctrica** *f*
veg. **polarització**

1373 **polarització el·líptica de la llum** *f*

es polarización elíptica de la luz
en elliptic light polarization

Polarització en què el vector del camp elèctric descriu, bé en el sentit de les agulles del rellotge o bé en direcció oposada, una el·lipse.

1374 **polarització lineal de la llum** *f*
sin. compl. **polarització plana de la llum**

es polarización lineal de la luz, polarización plana de la luz
en linear polarization light, plane polarization light

Polarització de la llum que ocorre quan les vibracions transversals de la llum són restringides en un sol pla que és perpendicular a la direcció de la propagació de la llum.

1375 **polarització plana de la llum** *f*
veg. **polarització lineal de la llum**

1376 **polarògraf** *m*

es polarógrafo
en polarograph

Instrument que serveix per a l'enregistrament automàtic de les corbes d'intensitat-potencial característiques d'un solut, que s'obtenen en condicions polarogràfiques.

1377 **polarografia** *f*

es polarografía
en polarography

Voltamperometria en què s'utilitza com a elèctrode indicador un elèctrode líquid, generalment de gotes de mercuri, la superfície del qual es renova contínuament i periòdica.

1378 **polarografia amb variació lineal de corrent** *f*
veg. **polarografia d'escombratge lineal de corrent**

1379 **polarografia d'escombratge lineal de corrent** *f*
sin. compl. **polarografia amb variació lineal de corrent**

es polarografía con variación lineal de corriente, polarografía de barrido lineal de corriente
en polarography with linear current sweep

Polarografia consistent a aplicar a l'elèctrode indicador un corrent que té una intensitat que varia linealment amb el temps, i en què es mesura el potencial de l'elèctrode en funció d'aquesta intensitat o del temps d'electròlisi.

1380 **polarografia d'escombratge múltiple** *f*

es polarografía de barrido múltiple
en multisweep polarography

Polarografia consistent a aplicar a l'elèctrode de gotes de mercuri, diverses vegades durant la vida de cada gota, potencials variables linealment amb el temps, a partir tots d'un mateix valor inicial, i en què s'enregistra la família de les corbes d'intensitat-potencial a edats creixents de gota.

1381 **polarografia d'escombratge únic** *f*

sin. compl. **polarografia oscil·logràfica d'escombratge únic**

es polarografía de barrido único, polarografía oscilográfica de barrido único

en single-sweep oscillographic polarography, single-sweep polarography

Polarografia consistent a aplicar a l'elèctrode indicador de gotes de mercuri un potencial que depèn linealment del temps, i en què s'enregistra la corba intensitat-potencial durant la vida d'una gota.

Nota: El terme *polarografia oscil·logràfica d'escombratge únic* no és recomanat per la IUPAC.

1382 **polarografia d'impulsos** *f*

es polarografía de impulsos

en pulse polarography

Polarografia consistent a aplicar a l'elèctrode de gotes de mercuri impulsos de potencial creixents amb el temps, i en què es mesura la intensitat de corrent que circula per l'elèctrode indicador al final de cada impuls i es representa en funció del potencial.

1383 **polarografia d'increment de càrrega** *f*

es polarografía de incremento de carga

en charge-step polarography, incremental-charge polarography

Polarografia consistent a aplicar, a un temps determinat de la vida de la gota, una quantitat d'electricitat, la magnitud de la qual augmenta uniformement de gota a gota, i en què es mesura el potencial o la derivada del potencial respecte al temps en funció de l'arrel quadrada del temps transcorregut entre l'instant de mesurament i l'instant d'aplicació de la càrrega.

1384 **polarografia d'ona quadrada** *f*

es polarografía de onda cuadrada

en square-wave polarography

Polarografia de corrent altern consistent a utilitzar un voltatge d'ona quadrada amb una freqüència de 200 a 250 Hz i una amplitud de 5 a 50 mV, i en què es mesura la intensitat de la component d'ona quadrada del corrent.

1385 **polarografia d'ona triangular** *f*

es polarografía de onda triangular

en triangular-wave polarography

Polarografia consistent a aplicar a l'elèctrode indicador un potencial primer creixent linealment en el temps i després decreixent simètricament durant el temps de vida d'una sola gota, i en què es determina la variació cíclica de la intensitat de corrent amb el voltatge.

1386 **polarografia d'ona triangular cíclica** *f*

es polarografía de onda triangular cíclica

en cyclic triangular-wave polarography

Polarografia consistent a aplicar a l'elèctrode indicador, durant el temps de vida d'una gota, un cicle d'impulsos de potencial de forma d'ona triangular.

1387 **polarografia de corrent altern** *f*

es polarografía de corriente alterna

en alternating-current polarography

Polarografia en la qual l'escombratge lineal de potencial usual duu sobreimposat un potencial altern sinusoïdal de baixa freqüència i d'amplitud petita, i en què es mesura la intensitat del component altern del corrent total en funció del potencial continu bàsic aplicat.

1388 **polarografia de corrent altern d'harmònics superiors** *f*

es polarografía de corriente alterna de harmónicos superiores

en higher-harmonic alternating-current polarography

Polarografia de corrent altern en

què, del corrent total, només se'n mesura el component degut als harmònics segon o tercer.

1389 **polarografia de corrent continu** *f*

es polarografía de corriente continua
en direct current polarography

Polarografia comuna consistent a aplicar a l'elèctrode indicador un potencial que varia linealment amb el temps i en què la intensitat que es mesura és la d'un corrent continu.

1390 **polarografia de desmodulació** *f*

es polarografía de desmodulación
en demodulation polarography

Polarografia de corrent altern consistent a utilitzar un potencial altern sinusoïdal de baixa amplitud modulat amb un altre potencial altern sinusoïdal de diferent freqüència, i en què es mesura el corrent de desmodulació faradaic en funció del potencial continu de l'elèctrode indicador.

1391 **polarografia de doble tonalitat** *f*

es polarografía de doble tonalidad
en double-tone polarography

Polarografia de corrent altern consistent a sobreimposar simultàniament, a la rampa lineal de potencial, dos potencials alterns sinusoïdals d'amplituds baixes i iguals, de freqüències lleugerament diferents, i en què es mesura el corrent altern en funció del potencial continu de l'elèctrode indicador.

1392 **polarografia de Kalousek** *f*

es polarografía de Kalousek
en Kalousek polarography

Polarografia consistent a aplicar impulsos de potencial d'amplitud variable amb el temps i en què es mesura el corrent que circula per l'elèctrode indicador en funció del potencial.

1393 **polarografia de modulació** *f*

es polarografía de modulación
en modulation polarography

Polarografia de corrent altern consistent a sobreimposar simultàniament, a la rampa lineal de potencial, dos potencials alterns d'amplituds i freqüències força diferents, i en què es mesura el corrent altern en funció del potencial continu de l'elèctrode indicador.

1394 **polarografia de radiofreqüències** *f*

es polarografía de radiofrecuencias
en radio-frequency polarography

Polarografia de corrent altern consistent a sobreimposar al potencial continu linealment variable un potencial altern sinusoïdal, d'alta freqüència i de baixa amplitud, modulat amb un potencial d'ona quadrada, i en què es mesura el corrent de rectificació faradaica en funció del potencial continu de l'elèctrode indicador.

1395 **polarografia de voltatge altern** *f*

es polarografía de voltaje alterno
en alternating-voltage polarography

Polarografia consistent a aplicar a l'elèctrode indicador, simultàniament, un corrent altern d'amplitud baixa i constant i un potencial que varia linealment amb el temps, i en què es mesura el voltatge altern resultant en funció del potencial continu aplicat.

1396 **polarografia derivada** *f*

es polarografía derivada
en derivative polarography

Polarografia en què es mesura la derivada de la intensitat de corrent respecte al temps o respecte al potencial aplicat a l'elèctrode indicador, i en què és aquesta derivada la que es representa en funció del potencial aplicat.

1397 **polarografia derivada d'impulsos** *f*

es polarografía derivada de impulsos
en derivative pulse polarography

Polarografia consistent a aplicar impulsos quadrats de potencial d'amplitud baixa i constant sobreimposats a un potencial variable linealment amb el temps, i en què es mesura la diferència entre el corrent que circula per l'elèctrode indicador durant l'interval de mesurament i el que hi ha circulat durant l'interval corresponent de la vida de la gota anterior.

1398 **polarografia diferencial** *f*

es polarografía diferencial
en differential polarography

Polarografia en què es mesura la diferència de les intensitats dels corrents que circulen per dos elèctrodes indicadors situats en dues solucions separades, amb un elèctrode de referència en cadascuna.

1399 **polarografia diferencial d'impulsos** *f*

es polarografía diferencial de impulsos
en differential pulse polarography

Polarografia consistent a aplicar impulsos quadrats de potencial d'amplitud baixa i constant sobreimposats a un potencial variable linealment amb el temps, i en què es mesura la diferència entre el corrent que circula al final d'un impuls i el que circula abans de l'impuls següent.

1400 **polarografia oscil·logràfica** *f*
sin. compl. **oscil·lopolarografia**

es oscilopolarografía, polarografía oscilográfica
en oscillographic polarography, oscillopolarography

Polarografia consistent a aplicar a l'elèctrode indicador un corrent altern sinusoïdal durant la vida d'una sola gota de mercuri, i en què es mesura la velocitat de variació del potencial de l'elèctrode amb el temps en funció del potencial.

1401 **polarografia oscil·logràfica d'escombratge únic** *f*
veg. **polarografia d'escombratge únic**

1402 **polarografia pas a pas** *f*

es polarografía paso a paso
en staircase polarography

Polarografia consistent a aplicar a l'elèctrode indicador un potencial que canvia pas a pas, en increments discrets iguals i de manera sincronitzada amb la caiguda de cada gota de mercuri.

1403 **polarografia Tast** *f*

es polarografía Tast
en Tast polarography

Polarografia amb caiguda forçada de la gota en la qual el corrent és enregistrat només a la part final del temps de vida de cada gota de mercuri.

1404 **polarograma** *m*

es polarograma
en polarogram

Representació gràfica que descriu la relació entre la intensitat de corrent i el potencial en un experiment polarogràfic.

1405 **policromador** *m*

es policromador
en polychromator

Dispositiu que dispersa la llum en les seves radiacions constituents i dirigeix cada banda estreta de longituds d'ona cap a regions diferents o detectors diferents.

1406 **poliment** *m*

es suavización
en smoothing

Aplicació a les respostes d'un detector de procediments matemàtics o de filtres per a millorar la qualitat d'un senyal analític.

1407 **polímer bescanviador d'electrons** *m*
veg. **polímer redox**

1408 **polímer redox** *m*
sin. compl. **polímer bescanviador d'electrons**

es polímero intercambiador de electrones, polímero redox
en electron exchanger polymer, redox polymer

Polímer orgànic que conté grups funcionals que poden ésser oxidats o reduïts de manera reversible.

1409 **polvoritzador** *m*

es pulverizador
en sprayer

Part del nebulitzador on el líquid aspirat és fragmentat pel corrent de gas i polvoritzat.

1410 **pont salí** *m*

es puente salino
en salt bridge

Dispositiu utilitzat per a obtenir contacte elèctric entre dues semicel·les d'una cel·la electroquímica sense barrejar els electròlits, i per a reduir el potencial de junció líquida entre els electròlits.

1411 **portador** *m*

es portador
en carrier

Substància que transporta les traces d'una substància específica en un procés químic o físic.

1412 **portador espectroquímic** *m*

es portador espectroquímico
en spectrochemical carrier

Portador que origina un gas que pot facilitar el transport del vapor del material de la mostra a la regió d'excitació de la font.

1413 **portador isotòpic** *m*

es portador isotópico
en isotopic carrier

Portador d'una substància radioactiva químicament idèntic a aquesta substància.

1414 **portaobjectes** *m*

es portaobjetos
en slide

Vidre generalment rectangular que serveix de suport a les preparacions que, cobertes amb un cobreobjectes, s'observa al microscopi.

1415 **postprecipitació** *f*

es posprecipitación
en postprecipitation

Precipitació subsegüent d'una espècie química diferent sobre la superfície d'un precipitat inicial que normalment, però no necessàriament, inclou un ió comú.

1416 **potencial d'aparició** *f*
sin. compl. **energia d'aparició**

es energía de aparición, potencial de aparición
en appearance energy, appearance potential

Energia mínima necessària perquè l'ió progenitor produeixi un ió particular especificat en espectrometria de masses.

1417 **potencial d'asimetria** *m*

es potencial de asimetría
en asymmetry potential

Diferència de potencial generada pel fet que les dues cares de la membrana d'un elèctrode selectiu d'ions no són idèntiques.

1418 **potencial d'elèctrode** *m*

es potencial de electrodo
en electrode potential

Diferència de potencial elèctric d'una cel·la formada per l'elèctrode en qüestió, en una solució dels seus ions, i un elèctrode d'hidrogen gasós sobre platí pres com a referència.

1419 **potencial d'excitació** *m*
sin. compl. **energia d'excitació**

es energía de excitación, potencial de excitación
en excitation energy, excitation potential

Diferència de potencial que cal aplicar per portar una partícula a un estat excitat o a un nivell d'energia més alt.

1420 **potencial d'ionització** *m*
sin. compl. **energia d'ionització**

es energía de ionización, potencial de ionización
en ionization energy, ionization potential

Diferència de potencial necessària perquè un electró lligat a un àtom o a una molècula pugui escapar-se del sistema al qual pertany.

1421 **potencial de descomposició** *m*

es potencial de descomposición
en decomposition potential

Potencial d'elèctrode en què, en anar variant el potencial aplicat, la component faradaica del corrent de l'electròlisi comença a augmentar significativament.

1422 **potencial de dissociació** *m*
sin. compl. **energia de dissociació**

es energía de disociación, potencial de disociación
en dissociation energy, dissociation potential

Diferència de potencial necessària per a dissociar una molècula al zero absolut de temperatura en estat de gas perfecte.

1423 **potencial de junció líquida** *m*

es potencial de unión líquida
en liquid junction potential

Potencial elèctric en la junció entre dues solucions electrolítiques diferents.

Nota: El seu símbol és E_j.

1424 **potencial de semiona** *m*

es potencial de media onda, potencial de semionda
en half-wave potential

Potencial per al qual la intensitat de corrent és igual a la meitat del corrent límit de difusió d'una ona polarogràfica.

Nota: El seu símbol és $E_{1/2}$.

1425 **potencial estàndard** *m*

es potencial estándar
en standard potential

Valor de la força electromotriu d'una pila formada per l'elèctrode d'hidrogen estàndard i l'elèctrode en qüestió i en la qual totes les espècies tenen activitat unitat.

Nota: El seu símbol és E^o.

1426 **potencial formal d'elèctrode** *m*

es potencial formal de electrodo
en formal electrode potential

Potencial d'elèctrode quan les concentracions de les formes oxidades i reduïdes són iguals.

1427 **potenciòmetre** *m*

es potenciómetro
en potentiometer

Instrument per a mesurar la força electromotriu de les piles.

1428 **potenciometria** *f*
sin. compl. **potenciometria d'intensitat nul·la, potenciometria d'intensitat zero**

es potenciometría, potenciometría de intensidad cero, potenciometría de intensidad nula
en null-current potentiometry, potentiometry, zero-current potentiometry

Conjunt de mètodes electroquímics utilitzats per a mesurar el potencial que, en condicions d'intensitat nul·la, adquireix un elèctrode indicador, submergit en una solució d'una substància electroactiva, el qual és funció lineal del logaritme de l'activitat d'aquesta substància.

Nota: Els termes *potenciometria d'intensitat nul·la* i *potenciometria d'intensitat zero* no són recomanats per la IUPAC.

1429 **potenciometria d'intensitat nul·la** *f*
veg. **potenciometria**

1430 **potenciometria d'intensitat zero** *f*
veg. **potenciometria**

1431 **potenciometria de corrent controlat** *f*

es potenciometría de corriente controlada
en controlled-current potentiometry

Potenciometria consistent a aplicar un corrent controlat, generalment d'intensitat petita i constant, a l'elèctrode indicador, que és d'interès especial quan el sistema actiu en l'elèctrode és irreversible.

1432 **potenciòstat** *m*

es potenciostato
en potentiostat

Instrument que manté constant automàticament el potencial d'elèctrode de treball a un valor determinat.

1433 **ppb** *f*
veg. **part per bilió**

es ppb
en ppb

1434 **ppm** *f*
veg. **part per milió**

es ppm
en ppm

1435 **ppt** *f*
veg. **part per mil**

es ppt
en ppt

1436 **precipitació** *f*

es precipitación
en precipitation

Formació d'un precipitat.

1437 **precipitació homogènia** *f*

es precipitación homogénea
en homogeneous precipitation

Formació d'un precipitat que és produït homogèniament i, generalment, d'una manera lenta, per un agent precipitant contingut a la solució o generat en el si d'aquesta.

1438 **precipitant** *m*
veg. **agent precipitant**

1439 **precipitat** *m*

es precipitado
en precipitate

Fase sòlida formada a partir d'una solució.

1440 **precipitat col·loïdal** *m*

es precipitado coloidal
en colloid precipitate

Precipitat format per partícules sense ordenació cristal·lina, que es pot dispersar donant lloc generalment a una solució col·loïdal.

1441 **precipitat cristal·lí** *m*

es precipitado cristalino
en crystalline precipitate

Precipitat format per partícules amb ordenació cristal·lina.

1442 **precisió** *f*

es precisión
en precision

Grau de coincidència entre els resultats de mesuraments repetits.

1443 **precisió d'una balança** *f*

es precisión de una balanza
en precision of a balance

Desviació estàndard de les lectures d'una balança per a una càrrega determinada.

1444 **precisió d'una pesada** *f*

es precisión de una pesada
en precision of a weighing

Desviació estàndard de les lectures d'una balança per a una càrrega determinada d'acord amb el mètode de pesada i amb la precisió de la balança.

1445 **precolumna** *f*

es precolumna
en precolumn

Columna curta plena del mateix material que la columna principal, que es col·loca entre aquesta i l'injector i que elimina impureses que es podrien unir irreversiblement a la columna principal i degradar-la.

1446 **preconcentració** *f*

es preconcentración
en preconcentration

Procés de concentració dels components traça d'una mescla prèviament a l'anàlisi.

1447 **principi de Le Chatelier** *m*

es principio de Le Chatelier
en principle of Le Chatelier

Principi que estableix que quan es pertorba un sistema en equilibri, aquest tendeix a desplaçar-se en el sentit de contrarestar l'acció produïda.

1448 **prisma òptic** *m*

es prisma óptico
en optical prism

Peça de material transparent, com ara el vidre, el quars o la sal gemma, tallada en forma de prisma, que s'utilitza per a dispersar la llum o canviar-ne la direcció.

1449 **procediment analític** *m*

es procedimiento analítico
en analytical procedure

Conjunt d'etapes successives, realitzades en un ordre preestablert i mitjançant manipulacions ben especificades, que permet l'anàlisi d'un o més components en una mostra.

1450 **producte de solubilitat** *m*

es producto de solubilidad
en solubility product

Producte de les activitats iòniques d'un solut iònic en la seva solució saturada, expressat amb referència a la dissociació que té lloc i als ions presents.

1451 **protector** *m*
veg. **agent protector**

1452 **prova d'hipòtesi** *f*
sin. compl. **contrast d'hipòtesi**

es contraste de hipótesis,
prueba de hipótesis
en hypothesis test

Anàlisi estadística que consisteix en la realització d'experiències que permetin de determinar el valor d'una variable aleatòria definida en funció de la hipòtesi formulada en termes estadístics.

1453 **prova F** *f*
es prueba F

Prova d'hipòtesi per a decidir si els resultats de dos experiments presenten una variància similar, és a dir, si tenen una precisió comparable.

1454 **prova** χ^2 *f*
es prueba χ^2

Prova d'hipòtesi que mesura la bondat d'ajustament entre la variació observada en una mostra i una distribució de població donada.

1455 **prova no paramètrica** *f*
es prueba no paramétrica

Prova d'hipòtesi que pot ésser aplicada sense cap assumpció del tipus de distribució de probabilitat que segueixen les dades.

1456 **prova Q** *f*

es prueba Q
en Q test

Prova d'hipòtesi per a decidir si s'exclou un resultat discrepant o qualsevol dada que sembli no pertànyer al grup de les dades que són objecte d'estudi.

1457 **prova t de Student** *f*

es prueba t de Student
en Student's t-test

Prova d'hipòtesi per a analitzar si una distribució és normal o no, per a comprovar si dues sèries de resultats tenen valors de les mitjanes estadísticament iguals o per a comprovar si el valor de la mitjana obtinguda a partir d'una sèrie de resultats s'aparta estadísticament o no del valor vertader.

1458 **proveta** *f*

es probeta
en cylinder

Vas cilíndric de forma tubular, generalment amb peu, a vegades graduat, destinat a recollir, mesurar o transvasar líquids.

1459 **punt d'equilibri** *m*

es punto de equilibrio
en rest point

Posició, en una pesada, de l'índex sobre l'escala quan el canastró de la balança queda quiet.

1460 **punt d'equivalència** *m*
sin. compl. **punt estequiomètric, punt final teòric**

es punto de equivalencia,
punto final teórico,
punto estequiométrico
en equivalence point,
stoichiometric point,
theoretical end-point

Punt d'una valoració en el qual la quantitat de valorant addicionat és químicament equivalent a la quantitat de substància que s'ha d'analitzar.

1461 **punt d'inflexió del pic** *m*

es punto de inflexión del pico
en inflection point of a peak

Punt on la derivada de la funció representativa d'un pic té el seu valor màxim.

1462 **punt d'isopotencial** *m*

es punto de isopotencial
en isopotential point

Valor de l'activitat de l'ió per a una cel·la que conté un elèctrode selectiu d'ions i un elèctrode de referència, en el qual la força electromotriu és independent de la temperatura.

1463 **punt d'isopotencial** *m*

es punto de isopotencial
en isopotential point

Punt característic d'una cel·la formada per un elèctrode selectiu d'ions i un elèctrode de referència submergits en una solució de l'ió problema, que és definit per un valor concret de l'activitat iònica, que dóna a la cel·la un potencial independent de la temperatura, i pel valor concret d'aquest potencial.

1464 **punt estequiomètric** *m*
veg. **punt d'equivalència**

1465 **punt final** *m*

es punto final
en end-point

Punt d'una valoració en la qual una de les propietats de la solució manifesta un canvi pronunciat, en què es dóna per acabada la valoració, i que no sol coincidir exactament amb el punt d'equivalència.

1466 **punt final amperomètric** *m*

es punto final amperométrico
en amperometric end-point

Punt final que s'obté quan se segueix una valoració per mitjà de qualsevol microelèctrode polarogràfic com a elèctrode indicador en conjunció amb un elèctrode de referència adequat, que permet d'enregistrar el corrent de difusió de l'ió que és investigat, a potencial aplicat constant.

1467 **punt final biamperomètric** *m*

es punto final biamperométrico
en bi-amperometric end-point

Punt final que s'obté quan se segueix una valoració mitjançant la detecció del corrent que flueix entre dos elèctrodes idèntics, generalment de platí, entre els quals s'ha aplicat una diferència de potencial petita.

1468 **punt final conductomètric** *m*

es punto final conductométrico
en conductimetric end-point

Punt final que s'obté quan se segueix una valoració per mesurament de la conductància de la solució que es valora entre dos elèctrodes inerts submergits en el medi reaccionant.

1469 **punt final cronopotenciomètric** *m*

es punto final cronopotenciométrico
en chronopotentiometric end-point

Punt final que s'obté quan se segueix una valoració mitjançant la tècnica cronopotenciomètrica, fent circular pel sistema un corrent constant i mesurant el temps necessari perquè es produeixi un salt brusc de potencial.

1470 **punt final entalpimètric** *m*
veg. **punt final termomètric**

1471 **punt final fluorimètric** *m*

es punto final fluorimétrico
en fluorimetric end-point

Punt final que s'obté quan se segueix una valoració per mitjà dels canvis de fluorescència del sistema reaccionant, visualment o fotomètricament, quan la solució s'irradia amb una font activant adequada.

1472 **punt final fotomètric** *m*

es punto final fotométrico
en photometric end-point

Punt final que s'obté quan se segueix una valoració per mitjà del mesurament de l'absorció òptica del medi de valoració dins d'una banda estreta de longituds d'ona seleccionada.

1473 **punt final nefelomètric** *m*

es punto final neferométrico
en nephelometric end-point

Punt final que s'obté quan se segueix una anàlisi titulomètrica de precipitació per mitjà del mesurament de la llum dispersada en angle recte respecte al feix incident.

1474 **punt final potenciomètric** *m*

es punto final potenciométrico
en potentiometric end-point

Punt final que s'obté quan se segueix una valoració per mitjà d'un elèctrode indicador, el potencial del qual es mesura enfront d'un elèctrode de referència adequat.

1475 **punt final radiomètric** *m*

es punto final radiométrico
en radiometric end-point

Punt final que s'obté quan se segueix una valoració per mitjà de l'addició d'un indicador radioactiu que, en el punt d'equivalència, és precipitat o dissolt canviant així la radioactivitat de la fase en solució.

1476 **punt final teòric** *m*
veg. **punt d'equivalència**

1477 **punt final termomètric** *m*
sin. compl. **punt final entalpimètric**

es punto final entalpimétrico, punto final termométrico
en enthalpimetric end-point, thermometric end-point

Punt final que s'obté quan se segueix una valoració per mitjà d'un dispositiu sensible a la temperatura, submergit en el medi de reacció i que és contingut en un recipient aïllat tèrmicament.

1478 **punt final turbidimètric** *m*

es punto final turbidimétrico
en turbidimetric end-point

Punt final que s'obté quan se segueix una anàlisi titulomètrica de precipitació per mitjà dels mesuraments de la radiació transmesa.

1479 **punt final visual** *m*

es punto final visual
en visual end-point

Punt final que s'obté mitjançant l'observació visual del canvi de color d'un indicador addicionat a la solució que es valora segons una tècnica volumètrica.

1480 **punt isoelèctric** *m*

es punto isoeléctrico
en isoelectric point

Estat d'un sistema col·loïdal on el potencial electrocinètic de les partícules col·loïdals és igual a zero.

1481 **punt isoelèctric** *m*
sin. **pH isoelèctric**

1482 **punt isoiònic** *m*
sin. **pH isoiònic**

1483 **punt isosbèstic** *m*

es punto isosbéstico
en isosbestic point

Longitud d'ona en la qual els coeficients d'absorció de dues espècies en equilibri són iguals.

1484 **punt zero de l'escala** *m*

es punto cero de la escala
en zero point of the scale

Punt d'equilibri d'una balança degudament ajustada, sense càrrega dipositada al plat i el cavaller o amb la cadeneta en posició zero.

1485 **puresa d'un reactiu** *f*

es pureza de un reactivo
en purity of a reagent

Puresa expressada mitjançant el contingut d'impureses present en un reactiu.

Q

1486 **quadripol** *m*

es cuadripolo
en quadrupole

Sistema format per dos dipols, elèctrics o magnètics, com a conseqüència del qual el moment dipolar és nul.

1487 **quantitat de substància** *f*

es cantidad de sustancia
en amount of substance

Magnitud física proporcional al nombre d'entitats elementals que formen la matèria del sistema considerat.

Nota: Es mesura en mols.

1488 **quelació** *f*

es quelación
en chelation

Procés mitjançant el qual es forma un complex quelat per reacció d'un ió metàl·lic amb un lligand bidentat o multidentat.

1489 **quelant** *m*
veg. **agent quelant**

1490 **quelat** *m*

es quelato
en chelate

Complex cíclic que és el resultat de la interacció de lligands bidentats o multidentats amb cations metàl·lics.

1491 **queló** *m*

es quelón
en chelone

Nom genèric dels lligands multidentats del tipus dels àcids aminopolicarboxílics, cada molècula dels quals és capaç de formar diversos cicles de quelat amb un ió metàl·lic, donant ions complexos d'estabilitat molt gran.

1492 **química analítica** *f*

es química analítica
en analytical chemistry

Branca de la química que tracta del descobriment i la formulació de lleis, criteris i mètodes que permeten la determinació amb precisió i exactitud de la composició qualitativa i quantitativa i de l'estructura de les substàncies.

1493 **química analítica qualitativa** *f*

es química analítica cualitativa
en qualitative analytical chemistry

Branca de la química analítica que estudia els procediments, els mètodes i les tècniques per a reconèixer o identificar els elements, els grups químics o els composts presents en una mostra.

1494 **química analítica quantitativa** *f*

es química analítica cuantitativa
en quantitative analytical chemistry

Branca de la química analítica que estudia els procediments, els mètodes i les tècniques per a determinar la quantitat dels elements, els grups químics o els composts presents en una mostra i les seves possibles relacions químiques i estructurals.

1495 **quimioadsorció** *f*
veg. **adsorció química**

1496 **quimioionització** *f*

es quimioionización
en chemiionization

Ionització que resulta de la col·lisió d'una partícula amb una espècie neutra, generalment excitada.

1497 **quimioluminescència** *f*

es quimioluminiscencia
en chemiluminescence

Luminescència produïda per una reacció química.

1498 **quimiometria** *f*

es quimiometría
en chemometrics

Branca de la química que s'ocupa de l'aplicació de tècniques matemàtiques als procediments de mesurament per tal d'obtenir dels resultats la màxima quantitat d'informació química i física.

1499 **quinhidrona** *f*

es quinhidrona
en quinhydrone

Complex de transferència de càrrega constituït per una molècula de *p*-benzoquinona i hidroquinona.

1500 **quocient de reacció** *m*

es cociente de reacción
en reaction quotient

Quocient que té la mateixa forma que la constant d'equilibri de la reacció, però que es calcula per a un conjunt particular d'activitats que generalment no són les de l'equilibri.

1501 **quocient de retenció** *m*

es cociente de retención
en retention ratio

Quocient entre el temps que el solvent necessita per a recórrer una columna cromatogràfica i el temps que hi necessita el solut.

1502 **quocient de von Weirmarn** *m*

es cociente de von Weirmarn
en von Weirmarn ratio

Quocient que expressa el grau de sobresaturació d'una solució, donat per l'expressió $(Q\text{-}S)/S$, en la qual Q és la concentració del solut present en la solució sobresaturada i S és la concentració que té aquest solut en l'equilibri.

1503 **radi hidratat** *m*

es radio hidratado
en hydrated radius

Radi que s'atribueix al conjunt format per un ió o una molècula en solució i les molècules d'aigua de solvatació.

1504 **radi iònic** *m*

es radio iónico
en ionic radius

Radi que s'atribueix a un ió en un cristall i que és igual al d'una esfera que té un volum equivalent al de l'ió.

1505 **radiació** *f*

es radiación
en radiation

Emissió d'energia en forma de raigs, ones o partícules d'una font.

1506 **radiació corpuscular** *f*

es radiación corpuscular
en corpuscular radiation

Radiació de partícules la massa de les quals en repòs és superior a zero.

1507 **radiació de fons** *f*

es radiación de fondo
en background radiation

Radiació recollida per un detector que procedeix de fonts diferents d'aquella que ha d'ésser detectada o mesurada.

1508 **radiació de microones** *f*

es radiación de microondas
en microwave radiation

Radiació electromagnètica de longitud d'ona situada entre la zona infraroja i la de radiofreqüència, entre 1 mm i 30 cm.

1509 **radiació del cos negre** *f*

es radiación del cuerpo negro
en black body radiation

Radiació emesa per un cos negre.

1510 **radiació electromagnètica** *f*

es radiación electromagnética
en electromagnetic radiation

Radiació en la qual les oscil·lacions de camps magnètics i elèctrics que vibren perpendiculars i de forma associada es propaguen a través de l'espai.

1511 **radiació infraroja** *f*
sigla **IR**

es radiación infraroja
en infrared radiation

Radiació electromagnètica de longitud d'ona entre 780 μm i 1 mm.

1512 **radiació sincrotrònica** *f*

es radiación sincrotrónica
en synchroton radiation

Radiació de longitud d'ona molt curta en el camp de la radiació X i de l'ultraviolat llunyà, procedent d'un sincrotró i que s'utilitza com a excitació en diverses espectrometries fotoelectròniques.

1513 **radiació ultraviolada** *f*
sin. compl. **llum ultraviolada**

es luz ultravioleta,
radiación ultravioleta
en ultraviolet light,
ultraviolet radiation

Radiació electromagnètica de longitud d'ona entre 10 i 380 μm.

1514 **radiació visible** *f*
sin. compl. **llum**
sigla **VIS**

es luz, radiación visible
en light, visible radiation

Radiació electromagnètica que produeix una sensació visual en arribar a l'ull humà de longitud d'ona entre 380 i 800 μm.

1515 **radiació X** *f*
veg. **raigs X**

1516 **raigs X** *m pl*
sin. compl. **radiació X**

es radiación X, rayos X
en X radiation, X-rays

Radiació electromagnètica de longitud d'ona compresa entre uns límits aproximadament de 10^{-3} i 10.000 pm, encara que analíticament s'utilitza només la compresa entre 10 i 2500 pm.

1517 **rampa lineal de potencial** *f*

es rampa lineal de potencial
en linear voltage ramp

Variació lineal del potencial en funció del temps.

1518 **raó de concentracions** *f*

es razón de concentraciones
en concentration ratio

Relació, en anàlisi espectroquímica, entre la concentració d'un element i la d'un altre element que normalment és present en una concentració elevada i que es pren com a referència.

1519 **raó de distribució** *f*

es razón de distribución
en distribution ratio

Relació entre les concentracions analítiques totals d'una substància en dues fases que estan en equilibri.

1520 **raó de distribució màssica** *f*
sin. compl. **factor de capacitat**

es factor de capacidad,
razón de distribución másica
en capacity factor,
mass distribution ratio

Relació entre la fracció d'un component en la fase estacionària i la fracció d'aquest component en la fase mòbil en algun punt de la columna cromatogràfica en equilibri.

Nota: El terme *factor de capacitat* no és recomanat per la IUPAC.

1521 **raó de fases** *f*

es razón de fases
en phase ratio

Quocient entre el volum de fase mòbil i el de fase estacionària en cromatografia.

1522 **raó de fases** *m*

es razón de fases
en phase ratio

Quocient entre el volum de fase orgànica i el de fase aquosa en extracció líquid-líquid.

1523 **raó de pont d'intensitats** *f*

es razón de puente de intensidades
en intensity bridge ratio

Relació, en anàlisi espectroquímica d'emissió, entre les intensitats de dues ratlles espectrals de longituds d'ona no gaire pròximes que s'estableix per a connectar les corresponents corbes de calibratge de l'emulsió fotogràfica.

1524 **raó de transmissió** *f*

es razón de transmisión
en transmission ratio

Relació entre dos senyals d'intensitat fotogràfica produïts per intensitats d'emissió conegudes i obtinguts mitjançant, per exemple, un filtre escalonat, que s'utilitza per al calibratge pràctic d'una emulsió fotogràfica.

1525 **raó senyal-soroll** *f*

es razón señal-ruido
en signal-to-noise ratio

Relació que hi ha entre el valor del senyal instrumental mesurat i el nivell del soroll de fons.

Nota: A partir de consideracions estadístiques, es considera que un senyal és significativament diferent al soroll quan la raó senyal-soroll és igual o superior a tres.

1526 **raó volúmica d'inflament** *f*

es razón volúmica de hinchamiento
en volume swelling ratio

Raó entre el volum d'un bescanviador iònic inflat i el volum de la mateixa quantitat de bescanviador sec.

1527 **ratlla atòmica** *f*

es línea atómica
en atomic line

Ratlla espectral que resulta d'una transició electrònica en un àtom que conté tots els seus electrons.

1528 **ratlla espectral** *f*
sin. compl. **línia espectral**

es línea espectral
en spectral line

Banda molt estreta de freqüències de radiació electromagnètica que resulta de transicions electròniques en els àtoms o les molècules.

1529 **ratlla espectral de referència interna** *f*

es línea espectral de referencia interna
en internal reference line

Ratlla espectral d'un element de referència seleccionat adequadament amb el qual es compara la intensitat de la línia analítica de l'element a determinar.

1530 **ratlla interferent** *f*

es línea interferente
en interfering line

Ratlla espectral la radiació de la qual pertorba el mesurament de la intensitat de la ratlla espectral que es vol mesurar.

1531 **ratlla iònica** *f*

es línea iónica
en ionic line

Ratlla espectral que resulta d'una transició electrònica en un àtom que ha perdut un o més electrons.

1532 **ratlla Raman** *f*

es línea Raman
en Raman line

Ratlla espectral, en un espectre Raman, que apareix a freqüències que són més baixes o més altes que la freqüència d'excitació, i que correspon a les transicions d'energia vibracional o rotacional de les molècules.

1533 **ratlles homòlogues** *f pl*

es líneas homólogas
en homologous lines

Ratlles espectrals seleccionades de tal manera que la variació de les condicions d'excitació afecta mínimament la raó de les seves intensitats.

1534 **reacció àcid-base** *f*
veg. **reacció acidobàsica**

1535 **reacció acidobàsica** *f*
sin. compl. **reacció àcid-base**

es reacción ácido-base
en acid-base reaction

Reacció basada en l'intercanvi de protons entre un àcid i una base, segons la seva naturalesa.

1536 **reacció analítica** *f*

es reacción analítica
en analytical reaction

Reacció utilitzada per a dur a terme un assaig de reconeixement o detecció del constituent d'una mostra.

1537 **reacció catalítica** *f*

es reacción catalítica
en catalytic reaction

Reacció la velocitat de la qual és modificada per un catalitzador.

1538 **reacció conjugada** *f*

es reacción conjugada
en conjugate reaction

Reacció en la qual tenen lloc dos processos de manera acoblada i simultània.

1539 **reacció d'amplificació** *f*

es reacción de amplificación
en amplification reaction

Reacció que substitueix per una altra la reacció convencional utilitzada en una determinació per tal de millorar les condicions de mesurament, especialment el límit de quantificació, ja que multiplica la resposta per un factor estequiomètric superior a la unitat.

1540 **reacció d'elèctrode** *f*

es reacción de electrodo
en electrode reaction

Oxidació o reducció d'una substància que té lloc a la superfície d'un elèctrode.

1541 **reacció d'elèctrode irreversible** *f*

es reacción de electrodo irreversible
en irreversible electrode reaction

Reacció d'elèctrode en la qual el procés de transferència de càrrega és el pas més lent.

1542 **reacció d'elèctrode reversible** *f*

es reacción de electrodo reversible
en reversible electrode reaction

Reacció d'elèctrode en la qual el procés de transferència de càrrega té lloc a velocitat infinita i en què el pas més lent és la difusió de la substància electroactiva vers la superfície de l'elèctrode.

1543 **reacció d'elèctrode simple** *f*

es reacción de electrodo simple
en simple electrode reaction

Reacció d'elèctrode consistent en un únic pas elemental.

1544 **reacció d'identificació** *f*

es reacción de identificación
en identification reaction

Reacció que fa possible la detecció d'un ió o d'un compost determinats.

1545 **reacció d'oxidació-reducció** *f*
sin. compl. **reacció redox**

es reacción de oxidación-reducción, reacción redox
en oxidation-reduction reaction, redox reaction

Reacció basada en el bescanvi d'electrons entre un oxidant i un reductor, de manera que es produeix un canvi en l'estat d'oxidació d'ambdós.

1546 **reacció de biuret** *f*

es reacción de biuret
en biuret reaction

Reacció d'identificació de les substàncies amb més d'un enllaç peptídic, obtinguda en posar-les en contacte, en solució alcalina, amb sulfat de coure.

1547 **reacció de la murexida** *f*

es reacción de la murexida
en murexide reaction

Reacció utilitzada per a detectar àcid úric, consistent en la conversió d'aquest en murexida per l'acció de l'àcid nítric i de l'amoníac.

1548 **reacció de Zeisel** *f*

es reacción de Zeisel
en Zeisel reaction

Reacció en la qual els grups alcoxi reaccionen amb l'àcid iodhídric per formar el iodur d'alquil corresponent.

1549 **reacció elemental** *f*

es reacción elemental
en elementary reaction

Reacció irreduïble en què ocorre un canvi concertat, mitjançant el qual es passa directament d'un estat estacionari a un altre sense la intervenció de cap intermedi.

1550 **reacció endotèrmica** *f*

es reacción endotérmica
en endothermic reaction

Reacció en la qual s'absorbeix calor de l'entorn.

1551 **reacció específica** *f*

es reacción específica
en specific reaction

Reacció d'un reactiu en condicions que asseguren la seva especificitat.

1552 **reacció estequiomètrica** *f*

es reacción estequiométrica
en stoichiometric reaction

Reacció en què les quantitats de substància que reaccionen estan exactament en les proporcions indicades per l'equació de reacció i en què el rendiment és pràcticament del 100%.

1553 **reacció exotèrmica** *f*

es reacción exotérmica
en exothermic reaction

Reacció que allibera calor de l'entorn quan es formen els productes.

1554 **reacció induïda** *f*

es reacción inducida
en induced reaction

Reacció el rendiment de la qual s'incrementa per l'acció d'una altra reacció que té lloc en el mateix medi.

1555 **reacció ió-molècula** *f*

es reacción ion-molécula
en ion-molecule reaction

Reacció entre un ió positiu o negatiu i una molècula neutra.

1556 **reacció química** *f*

es reacción química
en chemical reaction

Procés pel qual una o més substàncies, simples o compostes, es transformen en unes altres.

1557 **reacció redox** *f*
veg. **reacció d'oxidació-reducció**

1558 **reacció selectiva** *f*

es reacción selectiva
en selective reaction

Reacció analítica de selectivitat coneguda que es realitza en condicions de control de les interferències.

1559 **reactància** *f*

es reactancia
en reactance

Component imaginari de la impedància en un circuit de corrent altern.

Nota: Es mesura en ohms. El seu símbol és X.

1560 **reactant** *m*

es reactante
en reactant

Cadascuna de les substàncies que intervenen en una reacció.

1561 **reactiu** *m*

es reactivo
en reagent

Substància que, per la seva capacitat de provocar determinades reaccions, és usada en assaig i anàlisi per a descobrir la presència o mesurar la quantitat d'una altra substància.

1562 **reactiu de Fehling** *m*

es reactivo de Fehling
en Fehling's reagent

Solució d'un complex de coure(II) en medi bàsic, que és utilitzat com a reactiu per a detectar sucres i d'altres substàncies reductores.

1563 **reactiu de grup** *m*

es reactivo de grupo
en group reagent

Reactiu capaç de reaccionar sota condicions específiques amb un grup analític de cations o anions o amb un grup de composts orgànics.

1564 **reactiu de Karl Fischer** *m*

es reactivo de Karl Fischer
en Karl Fischer reagent

Solució que conté iode i diòxid de sofre en una mescla de piridina i metanol, i que s'utilitza per a la determinació d'aigua per valoració.

1565 **reactiu de Nessler** *m*

es reactivo de Nessler
en Nessler reagent

Solució aquosa de iodomercuriat de potassi i d'hidròxid de potassi, que s'aplica a la detecció qualitativa i la determinació espectrofotomètrica d'amoníac i a l'anàlisi nefelomètrica d'alcohols superiors.

1566 **reactiu de puresa analítica** *m*
veg. **reactiu per a anàlisi**

1567 **reactiu de puresa espectral** *m*

es reactivo de pureza espectral
en spectral pure reagent

Reactiu que no conté impureses que donin senyals apreciables en espectrometria.

1568 **reactiu de sililació** *m*

es reactivo de sililación
en silylating reagent

Reactiu que converteix els grups hidroxil lliures presents en el suport d'una fase adsorbent en grups silil inactius i que, per tant, redueix la polaritat de la fase adsorbent o suport.

1569 **reactiu de Txugaev** *m*

es reactivo de Tschugaeff
en Tschugaeff reagent

Solució alcohòlica de dimetilglioxima utilitzada en la detecció i la determinació de níquel o de pal·ladi.

1570 **reactiu específic** *m*

es reactivo específico
en specific reagent

Reactiu que, sota condicions determinades, reacciona només amb un ió o un compost particulars i que, per tant, permet la detecció o la determinació d'aquest darrer en presència de qualsevol altre ió o compost.

1571 **reactiu microanalític** *m*

es reactivo microanalítico
en microanalytical reagent

Reactiu de puresa elevada utilitzat en determinacions microanalítiques, especialment en anàlisi elemental.

1572 **reactiu per a anàlisi** *m*
sin. compl. **reactiu de puresa analítica**

es reactivo de pureza analítica, reactivo para análisis
en analytical pure reagent

Producte químic de puresa elevada, que conté impureses per sota dels límits que podrien interferir en les operacions d'anàlisi química.

1573 **reactiu químicament pur** *m*

es reactivo químicamente puro
en chemically pure reagent

Producte químic d'un grau de puresa superior a la dels productes industrials i inferior a la dels reactius utilitzats en anàlisi química.

1574 **reactiu radioactiu** *m*

es reactivo radiactivo
en radioactive reagent

Reactiu que conté un radioisòtop.

1575 **reactiu selectiu** *m*

es reactivo selectivo
en selective reagent

Reactiu que, en determinades condicions, reacciona amb un nombre limitat d'ions o de composts.

1576 **reactiu valorant** *m*

es reactivo valorante
en titrating reagent

Espècie activa que, en una solució de concentració perfectament coneguda, s'utilitza per a dur a terme una valoració.

1577 **reactor** *m*

es reactor
en reactor

Matràs amb diverses boques de diferents diàmetres, en les quals s'acoblen aparells adequats per tal de poder dur a terme reaccions.

1578 **rebliment** *m*

es relleno
en packing

Material constituït per un sòlid actiu o per un líquid immobilitzat sobre un suport sòlid inert amb què s'omplen les columnes cromatogràfiques.

1579 **rebliment** *m*

es relleno
en packing

Cadascun dels diferents tipus de materials de gran superfície específica amb què s'omplen les columnes de destil·lació per a afavorir-ne el reflux.

1580 **recol·lecció** *f*

es colección, recolección
en collection

Eliminació d'un microcomponent o d'un macrocomponent de la solució per formació intencionada d'un precipitat col·lector, que s'enduu aquest component com impuresa, o bé per adsorció o atrapament del component per un sòlid afegit.

1581 **recol·lector** *m*

es colector
en scavenger

Substància sòlida afegida o formada en una solució per a la recol·lecció.

1582 **recristal·lització** *f*

es recristalización
en recrystallization

Cristal·lització repetida d'un material per tal d'obtenir un producte de puresa més elevada.

1583 **reducció** *f*

es reducción
en reduction

Reacció que implica el guany d'un o més electrons en una molècula, un àtom o un ió.

1584 **reductor** *m*
veg. **agent reductor**

1585 **reductor de Jones** *m*

es reductor de Jones
en Jones reductor

Columna reblerta de granalla de zinc amalgamada, utilitzada per fer reduccions per percolació.

1586 **reductor de Walden** *m*

es reductor de Walden
en Walden reductor

Columna reblerta amb plata, recoberta de clorur de plata, i utilitzada per a fer reduccions per percolació en medi d'àcid clorhídric.

1587 **reflectància** *f*

es reflectancia
en reflectance

Quocient entre el flux de radiació reflectit per un cos i el flux de radiació incident.

1588 **reflectància difusa** *f*

es reflectancia difusa
en diffuse reflectance

Tècnica analítica, utilitzada fonamentalment en espectroscòpia infraroja, per a examinar sòlids finament dividits, i que es basa en la reflexió difusa de radiació que incideix en la superfície de la mostra.

1589 **reflectància interna** *f*
veg. **reflectància total atenuada**

1590 **reflectància total atenuada** *f*
sin. compl. **reflectància interna**
sigla **ATR**

es reflectancia interna, reflectancia total atenuada
en attenuated total reflectance, internal reflectance

Tècnica analítica, utilitzada fonamentalment en espectroscòpia infraroja, per a examinar sòlids opacs, i que es basa en el fenomen de reflexió total atenuada.

1591 **reflexió difusa** *f*

es reflexión difusa
en diffuse reflection

Reflexió de la llum en totes les direccions provocada per una superfície no polida.

1592 **reflexió especular** *f*

es reflexión especular
en specular reflection

Reflexió de la llum en un angle igual al d'incidència.

1593 **reflexió total atenuada** *f*
es reflexión total atenuada

Fenomen pel qual un feix de radiació que travessa les parets d'un prisma on es produeix la seva reflexió total es posa en contacte amb una mostra que l'absorbeix parcialment i l'atenua.

1594 **refracció** *f*

es refracción
en refraction

Canvi de la direcció de propagació d'una ona, electromagnètica o sonora, quan passa d'un medi a un altre on es transmet a diferent velocitat.

1595 **refractòmetre** *m*

es refractómetro
en refractometer

Instrument per a mesurar l'índex de refracció d'una substància.

1596 **refrigerant** *m*

es refrigerante
en refrigerant

Peça d'un muntatge de destil·lació o de reflux, en forma de tub, a l'interior del qual es condensa el vapor per bescanvi de calor amb un altre fluid que circula per l'exterior dins un altre tub o camisa.

1597 **regió interzonal** *f*

es región interzonal
en interzonal region

Regió de la flama limitada per les zones interior i exterior, on en molts casos les condicions per a l'espectrometria d'absorció atòmica de flama són òptimes.

1598 **reixeta** *f*

es rejilla
en grid

Tela metàl·lica quadrada, al centre de la qual moltes vegades hi ha una placa circular d'amiant, que s'utilitza com a suport de recipients que s'han d'escalfar.

1599 **relaxació** *f*

es relajación
en relaxation

Tendència d'un sistema químic pertorbat a retornar a l'estat estacionari inicial.

1600 **remenador** *m*
veg. **agitador**

1601 **rendiment d'extracció** *m*
veg. **factor de recuperació**

1602 **rendiment quàntic de fluorescència** *m*

es rendimiento cuántico de fluorescencia
en fluorescence quantical yield

Quocient entre el nombre de fotons reemesos per segon i el nombre de fotons primaris absorbits.

1603 **rentatge** *m*

es lavado
en scrubbing

Procés d'eliminació d'impureses de la fase que conté la substància principal, un cop separada.

1604 **reprecipitació** *f*

es reprecipitación
en reprecipitation

Repetició intencionada d'una precipitació per a eliminar impureses del precipitat previ o per a millorar-ne l'estequiometria o la qualitat física de les seves partícules.

1605 **resistència elèctrica** *f*

es resistencia eléctrica
en electric resistance

Quocient entre la diferència de potencial aplicada als extrems del conductor i la intensitat de corrent que hi circula, en un circuit elèctric amb corrent continu.

1606 **resistència específica** *f*
veg. **resistivitat**

1607 **resistivitat** *f*
sin. compl. **resistència específica**

es resistencia específica, resistividad
en resistivity, specific resistance

Propietat característica d'una substància que és igual a la resistència d'un bloc d'aquesta substància de secció i longitud unitàries.

1608 **resolució** *f*
sin. **poder de resolució**

1609 **resolució entre dos pics** *f*

es resolución entre dos picos
en peak resolution

Separació entre dos pics cromatogràfics a partir de la distància entre els seus màxims i en relació amb la seva amplada a la semialtura.

1610 **resposta nernstiana** *f*

es respuesta nernstiana
en Nernstian response

Comportament del potencial de l'elèctrode descrit per l'equació de Nernst.

1611 **ressonància de spin electrònic** *f*
sin. compl. **ressonància paramagnètica electrònica**
sigla **EPR, ESR**

es resonancia de spin electrónico, resonancia paramagnética electrónica
en electronic paramagnetic ressonance, electronic spin ressonance

Absorció d'energia radiant característica que exhibeixen els àtoms, els ions, els radicals lliures i les molècules que tenen un nombre desaparellat d'electrons, quan es posen en un camp magnètic estàtic i, simultàniament, se sotmeten a un camp de microones situat perpendicularment a aquell.

1612 **ressonància magnètica nuclear** *f*
sigla **NMR**

es resonancia magnética nuclear
en nuclear magnetic resonance

Absorció d'energia radiant característica que mostra un gran nombre d'àtoms, els nuclis dels quals presenten un spin nuclear no nul, quan se sotmeten a un camp magnètic fort i uniforme i, simultàniament, a un camp de radiofreqüències més feble situat perpendicularment a aquell.

1613 **ressonància paramagnètica electrònica** *f*
veg. **ressonància de spin electrònic**

1614 **resultat** *m*

es resultado
en result

Valor final que s'obté d'una quantitat mesurada després d'haver dut a terme un procés de mesura que inclou tots els subprocessos i avaluacions.

1615 **resultat analític** *m*

es resultado analítico
en analytical result

Valor final de la concentració o de la quantitat d'analit un cop s'han dut a terme tots els procediments operatius analítics i els càlculs.

1616 **retard** *m*

es retraso
en retardation

Diferència entre les trajectòries de dos feixos de llum que incideixen en els miralls fix i mòbil d'un interferòmetre.

1617 **retenció relativa** *f*

es retención relativa
en relative retention

Quocient entre el volum de retenció ajustat d'una substància i el d'un compost de referència que ha estat obtingut en condicions cromatogràfiques idèntiques.

1618 **retorta** *f*

es retorta
en retort

Vas de vidre, de gres, etc., de coll llarg i corbat, per a sotmetre substàncies a la destil·lació o a la descomposició per l'acció del foc.

Nota: Actualment aquest terme és en desús.

1619 **retroextracció** *f*

es retroextracción
en back-extraction, stripping

Procés d'extracció d'una substància prèviament extreta a la fase orgànica, generalment retornant-la a una fase aquosa.

1620 **rotació òptica** *f*

es rotación óptica
en optical rotation

Rotació del pla de polarització de la llum polaritzada en el pla o de l'eix major de l'el·lipse de polarització de la llum polaritzada el·lípticament, quan es fa passar a través d'un medi òpticament actiu.

1621 **ruptura alfa** *f*

es ruptura alfa
en alpha cleavage

Ruptura contigua a un heteroàtom o a un grup funcional que produeix un radical i un ió.

1622 **ruptura beta** *f*

es ruptura beta
en beta cleavage

Ruptura que es produeix a l'enllaç següent al contigu a un heteroàtom o a un grup funcional que produeix un radical i un ió.

1623 **sacsejador** *m*

es sacudidor
en shaker

Agitador amb què es duu a terme l'agitació mitjançant un moviment de sacseig amb ginys mecànics diversos, que s'utilitza per a accelerar la mescla de sistemes heterogenis.

1624 **salament** *m*

es salado
en salting-out

Disminució de la solubilitat d'un no-elèctrolit per l'addició d'un electròlit a la seva solució aquosa.

1625 **saturació** *f*

es saturación
en saturation

Estat d'equilibri entre una solució i un excés de solut sense dissoldre.

1626 **saturació de la cambra** *f*

es saturación de la cámara
en chamber saturation

Distribució uniforme del vapor de l'eluent per tota la cambra on s'ha de fer una cromatografia sobre paper o una cromatografia de capa prima.

1627 **saturador** *m*

es saturador
en saturator

Substància interferent que s'afegeix en concentracions suficientment altes en la solució d'una mostra per a aconseguir la saturació de la corba d'interferència.

1628 **SCE** *m*
veg. **elèctrode de calomelans saturat**

es SCE
en SCE

1629 **sedàs** *m*

es tamiz
en sieve

Estri consistent en una tela metàl·lica muntada en un cèrcol, que s'utilitza per a separar sòlids de diferent granulositat.

1630 **selectivitat** *f*

es selectividad
en selectivity

Característica d'una reacció d'identificació o d'un procediment analític quantitatiu, la resposta dels quals a l'analit és afectada per la presència d'altres substàncies que són conegudes i que tenen efectes quantificables i susceptibles de control.

1631 **selectivitat d'un reactiu** *f*

es selectividad de un reactivo
en reagent selectivity

Discriminació que mostra un reactiu en l'atac competitiu cap a dues o més substàncies o cap a dues o més posicions del mateix substrat.

1632 **semiamplitud** *f*

es semiamplitud
en half-height amplitude

Amplitud d'un senyal en forma de pic a una meitat de la seva alçada.

1633 **semiconductor** *m*

es semiconductor
en semiconductor

Material la conductivitat elèctrica del qual augmenta amb la temperatura i és intermèdia respecte a la dels conductors i la dels aïllants.

1634 **semimicroanàlisi** *f*
veg. **mesoanàlisi**

1635 **semireacció** *f*

es semirreacción
en half-reaction

Cadascun dels processos elementals que acoblats constitueixen una reacció química de bescanvi de protons, d'altres ions o d'electrons.

1636 **sensibilitat** *f*

es sensibilidad
en sensitivity

Relació entre l'increment del senyal analític mesurat i l'increment de concentració corresponent de la substància determinada.

1637 **sensibilitat d'una balança** *f*

es sensibilidad de una balanza
en sensitivity of a balance

Resposta per unitat de massa expressada en divisions de l'escala sotmesa a una càrrega determinada.

1638 **sensor d'oxigen** *m*
veg. **elèctrode de Clark**

1639 **sensor electroquímic** *m*

es sensor electroquímico
en electrochemical sensor

Elèctrode o sistema d'elèctrodes utilitzats com a font de senyals elèctrics per a determinar l'activitat d'una substància electroactiva o els paràmetres electroquímics del medi que és objecte d'estudi.

1640 **senyal** *m*

es señal
en signal

Resposta que dóna un detector instrumental o un sistema de mesurament analític a l'estímul produït per l'analit, el mesurament de la qual és la base per al càlcul de la concentració d'aquest.

1641 **senyal de fons** *m*

es señal de fondo
en background signal

Resposta que dóna un detector instrumental o un sistema de mesurament analític en absència de l'analit.

1642 **separació** *f*

es separación
en separation

Aïllament d'un component simple o d'un grup de components d'altres substàncies presents en una mescla.

1643 **separador** *m*

es separador
en separator

Adaptador col·lector per a buit, enginyat per a fer d'una manera fàcil la separació del matràs col·lector de la resta de l'aparell destil·latori, sense necessitat de parar el buit i, per tant, l'ebullició en el matràs de destil·lació.

1644 **septe** *m*

es septo, septum
en septum

Làmina prima, generalment en forma de disc, que cobreix l'orifici d'injecció d'un cromatògraf de gasos.

1645 **sèrie** *f*

es serie
en series

Conjunt de variables que són equivalents entre elles segons consideracions estadístiques quan s'utilitza únicament un mètode analític.

Nota: Els resultats d'anàlisis repetides d'una mostra, per exemple, constitueixen una sèrie.

1646 **sèrie eluotròpica** *f*

es serie eluotrópica
en eluotropic series

Grup de solvents classificats segons la seva força eluotròpica.

1647 **serpentí** *m*

es serpentín
en coil

Tub helicoïdal o en ziga-zaga que permet que hi hagi una notable superfície de tub en un espai relativament petit, per a bescanviar calor entre dos fluids.

1648 **SFC** *f*
veg. **cromatografia de fluids supercrítics**

es SFC
en SFC

1649 **SHE** *m*
veg. **elèctrode estàndard de gas hidrogen**

es SHE
en SHE

1650 **sifó** *m*

es sifón
en siphon

Tub encorbat per a fer passar el líquid d'un vas a un nivell més baix passant per un nivell més alt, cosa que té lloc sempre que, ple el tub de líquid, el nivell del líquid del dit vas és més alt que el de l'extremitat de l'altre braç, o que el del líquid de l'altre vas, en el cas en què aquesta extremitat hi estigui submergida.

1651 **sililació** *f*

es sililación
en silylation

Procés de substitució d'un protó actiu en una molècula d'un compost orgànic pel grup silil H_3Si- o algun dels seus derivats, generalment trimetilsilil $-Si(CH_3)_3$.

1652 **SIMS** *f*
veg. **espectrometria de masses d'ions secundaris**

es SIMS
en SIMS

1653 **sobresaturació** *f*

es sobresaturación
en supersaturation

Estat d'una solució sobresaturada.

1654 **sobresaturació relativa** *f*

es sobresaturación relativa
en relative supersaturation

Sobresaturació expressada segons el quocient de von Weirman.

1655 **sobretensió** *f*

es sobretensión
en overvoltage

Diferència entre el potencial d'un elèctrode pel qual circula un corrent elèctric i el potencial d'equilibri d'aquest elèctrode en contacte amb la mateixa solució quan no hi passa corrent.

1656 **sol** *m*

es sol
en sol

Sistema col·loïdal consistent en la dispersió d'un sòlid en un líquid.

1657 **sol liòfil** *m*

es sol liófilo
en lyophilic sol

Sol en el qual hi ha afinitat entre la fase dispersa i el líquid.

1658 **sol liòfob** *m*

es sol liófobo
en lyophobic sol

Sol en el qual no hi ha afinitat entre la fase dispersa i el líquid.

1659 **sòlid actiu** *m*

es sólido activo
en active solid

Sòlid que té propietats d'adsorció i desorció i amb el qual es poden dur a terme separacions cromatogràfiques.

1660 **sòlid actiu modificat** *m*

es sólido activo modificado
en modified active solid

Sòlid les propietats adsorbents del qual han estat modificades per tractament amb un gas, un líquid o un altre sòlid.

1661 **solubilitat** *f*

es solubilidad
en solubility

Concentració de la substància dissolta continguda en una solució que està en equilibri amb la substància pura no dissolta, a una temperatura donada.

1662 **soluble** *adj*
sin. compl. **dissoluble**

es disoluble, soluble
en dissoluble, soluble

Que pot ésser dissolt.

1663 **solució** *f*

es solución
en solution

Fase líquida homogènia que conté almenys dues substàncies diferents.

1664 **solució àcida** *f*

es solución ácida
en acidic solution

Solució en la qual l'activitat dels ions H^+ és major que l'activitat dels ions OH^-.

1665 **solució amortidora** *f*
sin. **amortidor**

1666 **solució bàsica** *f*

es solución básica
en basic solution

Solució en la qual l'activitat dels ions OH^- és major que l'activitat dels ions H^+.

1667 **solució de comparació** *f*

es solución de comparación
en comparison solution

Solució utilitzada en alguns procediments d'anàlisi titulomètrica per a detectar el punt en què la solució que es valora comença a variar el seu color inicial, i amb la qual es pot determinar amb més precisió el punt final.

Nota: Aquesta solució té el mateix volum i la mateixa concentració d'indicador que la solució que es valora i és de la composició al més semblant possible a la que tindrà la solució valorada en el seu punt final.

1668 **solució de referència** *f*

es solución de referencia
en reference solution

Solució feta amb el mateix solvent que la mostra, que conté l'analit i, eventualment, alguns concomitants en concentració coneguda.

1669 **solució de rentatge** *f*

es solución de lavado
en scrubbing solution

Solució aquosa o orgànica utilitzada per a rentar un gas, un precipitat, etc.

1670 **solució de retroextracció** *f*

es solución de retroextracción
en stripping solution

Solució, generalment aquosa, que

s'utilitza en extracció per a extreure la substància de l'extracte, que sol ésser orgànic.

1671 **solució estàndard** *f*
veg. **solució patró**

1672 **solució patró** *f*
sin. compl. **solució estàndard**

es solución estándar, solución patrón
en standard solution

Solució d'una substància activa de concentració o títol estrictament definits, que s'utilitza com a referència.

1673 **solució patró primària** *f*

es solución patrón primaria
en primary standard

Solució patró, preparada a partir d'una substància patró primària, la concentració de la qual és coneguda a partir del pes de la dita substància dissolt en un volum conegut d'aquesta solució.

1674 **solució patró secundària** *f*

es solución patrón secundaria
en secondary standard

Solució en la qual la concentració o el títol han estat obtinguts per estandardització.

1675 **solució saturada** *f*

es solución saturada
en saturated solution

Solució que té una concentració de solut que està en equilibri amb solut no dissolt a uns valors específics de temperatura i pressió.

1676 **solució sobresaturada** *f*

es solución sobresaturada
en supersaturated solution

Solució làbil o metastable que conté una concentració de solut més gran que la solució saturada a la mateixa temperatura i pressió.

1677 **solució sòlida** *f*
veg. **cristall mixt**

1678 **solució titulant** *f*
veg. **solució valorant**

1679 **solució valorant** *f*
sin. compl. **solució titulant, valorant**

es solución valorante
en titrant, titrating solution

Solució que conté el reactiu valorant.

1680 **solut** *m*

es soluto
en solute

Component d'una solució que es considera dissolt en un solvent.

1681 **solvatació** *f*

es solvatación
en solvation

Interacció de solvents polars amb ions o molècules de solut mitjançant forces atractives ió-dipol o dipol-dipol.

1682 **solvent** *m*
sin. compl. **dissolvent**

es disolvente, solvente
en solvent

Líquid, que sol ésser el constituent majoritari d'una solució, que s'utilitza per a dissoldre un o més soluts.

1683 **solvent amfipròtic** *m*

es solvente anfiprótico
en amphiprotic solvent

Solvent les molècules del qual poden ésser donadores o acceptores de protons, com ara l'aigua, els alcohols, els àcids orgànics, etc.

1684 **solvent anivellador** *m*

es solvente nivelador
en levelling solvent

Solvent que té efectes anivelladors de les propietats protogèniques o protofíliques de grups definits d'àcids o bases.

1685 **solvent apròtic** *m*

es solvente aprótico
en aprotic solvent

Solvent les molècules del qual no són ni donadores ni acceptores de protons.

1686 **solvent d'extracció** *m*
sin. compl. **extractant**

es extractante, solvente de extracción
en extractant, extraction solvent

Solvent utilitzat per a extreure una substància d'una fase líquida o d'una fase sòlida.

1687 **solvent diferenciador** *m*

es solvente diferenciador
en differentiating solvent

Solvent en el qual els àcids que tenen una força semblant dissolts en aigua, s'hi comporten amb forces diferents.

1688 **solvent hidroxílic** *m*

es solvente hidroxílico
en hydroxylic solvent

Solvent amfipròtic que conté el grup funcional hidroxil, característic d'alcohols, polialcohols i fenols.

1689 **solvent mixt** *m*

es solvente mixto
en mixed solvent

Solvent consistent en la mescla de, com a mínim, dos solvents.

1690 **solvent protofílic** *m*

es solvente protofílico
en protophilic solvent

Solvent que accepta protons.

1691 **solvent protogènic** *m*

es solvente protogénico
en protogenic solvent

Solvent que dóna protons a una substància dissolta.

1692 **solvent protolític** *m*

es solvente protolítico
en protolytic solvent

Solvent que dóna o allibera protons.

1693 **sorbent** *m*

es sorbente
en sorbent

Substància capaç de fixar al seu interior o a la seva superfície una altra substància.

1694 **sorció** *f*

es sorción
en sorption

Fixació d'una substància a l'interior o a la superfície d'una fase.

1695 **soroll** *m*

es ruido
en noise

Qualsevol variació aleatòria dels senyals del detector, que s'obtenen per mitjà d'un sistema analític determinat.

1696 **soroll mitjà quadràtic** *m*

es ruido medio cuadrático
en root-mean-square noise

Mitjana geomètrica dels valors del soroll observats durant un interval de temps donat.

1697 **submicroanàlisi** *f*

es submicroanálisis
en submicroanalysis

Anàlisi d'una mostra la massa de la qual es troba entre 10^{-4} i 10^{-3} g.

1698 **substància** *f*

es sustancia
en substance

Cadascuna de les classes de matèria homogènia, de composició química definida, per contraposició a mescla.

1699 **substància deliqüescent** *f*

es sustancia delicuescente
en deliquescent substance

Substància que absorbeix espontàniament aigua de l'aire humit i que pot arribar a dissoldre's-hi.

1700 **substància electroactiva** *f*

es sustancia electroactiva
en electroactive substance

Substància que pren part en una reacció electroquímica.

1701 **substància estàndard** *f*
veg. **substància patró**

1702 **substància hidròfila** *f*

es sustancia hidrófila
en hydrophilic substance

Substància que és soluble en aigua o que atrau l'aigua cap a la seva superfície.

1703 **substància higroscòpica** *f*

es sustancia higroscópica
en hygroscopic substance

Substància que absorbeix amb facilitat l'aigua de l'atmosfera.

1704 **substància interferent** *f*
sin. compl. **concomitant, interferència, interferent**

es concomitante, interferencia, interferente, sustancia interferente
en concomitant, interference, interferent, interfering substance

Cadascuna de les substàncies la presència de les quals modifica el senyal produït per l'analit en una determinació o en una detecció.

1705 **substància patró** *f*
sin. compl. **patró, substància estàndard, estàndard**

es estándar, patrón, sustancia estándar, sustancia patrón
en standard, standard substance

Substància de composició coneguda que, en un procediment analític, actua d'una manera determinada sota unes condicions definides, i que s'utilitza com a referència per a calibrar el procediment i validar-ne els resultats.

1706 **substància patró interna** *f*
sin. compl. **estàndard intern, patró intern**

es estándar interno, patrón interno, sustancia patrón interna
en internal standard, internal standard substance

Substància patró que s'addiciona a la mostra, amb una concentració coneguda, i s'analitzen simultàniament amb l'objectiu de calibrar el procediment analític en condicions experimentals d'anàlisi poc reproduïbles.

1707 **substància patró primària** *f*
sin. compl. **patró primari, tipus primari**

es patrón primario, sustancia patrón primaria, tipo primario
en primary standard, primary standard substance

Substància patró d'elevada puresa i estabilitat que s'utilitza per a establir la concentració d'un reactiu valorant a partir d'una reacció estequiomètrica.

1708 **substància patró secundària** *f*
sin. compl. **patró secundari, tipus secundari**

es patrón secundario, sustancia patrón secundaria, tipo secundario
en secondary standard

Substància que posseeix un contingut en constituent actiu determinat per comparació amb una substància patró primària, i que s'utilitza per a l'estandardització de solucions de reactius analítics.

1709 **superfície** *f*

es superficie
en surface

Frontera entre dues fases, especialment quan una de les dues és l'aire atmosfèric.

1710 **suport** *m*

es soporte
en holder, support

Qualsevol peça o objecte metàl·lic destinat a aguantar, sostenir, protegir o fixar els instruments o els muntatges d'un laboratori.

1711 **suport cromatogràfic** *m*
sin. compl. **suport sòlid**

es soporte cromatográfico, soporte sólido
en chromatographic support, solid support

Sòlid, generalment porós i inert, que adsorbeix la fase líquida.

1712 **suport sòlid** *m*
veg. **suport cromatogràfic**

1713 **supressor de màxims** *m*

es supresor de máximos
en maximum supressor

Agent tensioactiu que s'utilitza per a eliminar els màxims d'intensitat de corrent en polarografia.

1714 **susceptància** *f*

es susceptancia

en susceptance

Part imaginària de l'admitància d'una part lineal d'un circuit elèctric amb un corrent altern sinusoïdal.

Nota: Es mesura en siemens.

T

1715 **taca** *f*

es mancha
en spot

Zona d'aspecte aproximadament circular en una cromatografia sobre paper o una cromatografia de capa prima.

1716 **tanca** *f*

es cierre
en seal

Sistema amb el qual es manté tancat un recipient tot garantint-ne l'estanquitat.

1717 **tanca de mercuri** *f*

es cierre de mercurio
en mercury seal

Dispositiu que permet l'entrada de la vareta d'un agitador en un recipient estanc.

1718 **tanca hidràulica** *f*

es cierre hidráulico
en water seal

Vàlvula simple que, mitjançant una certa altura d'aigua, impedeix el pas dels gasos per un sifó, un tub de seguretat, etc.

1719 **tara** *f*

es tara
en tare

Massa del recipient buit que s'utilitza per a dipositar la substància que s'hi ha de pesar.

1720 **TCD** *m*
veg. **detector de conductivitat tèrmica**

es TCD
en TCD

1721 **tècnica d'addició** *f*

es técnica de adición
en addition technique

Tècnica consistent en l'addició de quantitats successives conegudes d'analit a parts alíquotes de la solució que s'analitza.

1722 **tècnica d'interpolació** *f*

es técnica de interpolación
en bracketing technique

Tècnica mitjançant la qual el resultat analític es troba, per interpolació gràfica o numèrica, generalment lineal, entre els mesuraments de dues solucions de referència, una amb una concentració d'analit lleugerament més baixa que la solució de la mostra incògnita i l'altra, lleugerament més alta.

1723 **tècnica de l'element de referència** *f*

es técnica del elemento de referencia
en reference-element technique

Tècnica analítica consistent a comparar la mesura de l'analit amb la mesura d'un element de referència, i que s'utilitza principalment per a minimitzar les interferències no específiques.

1724 **tècnica de la corba analítica** *f*

es técnica de la curva analítica
en analytical curve technique

Tècnica analítica consistent a llegir el resultat analític a partir de la corba analítica que cobreix l'interval de concentracions d'interès.

1725 **tècnica de simulació** *f*

es técnica de simulación
en simulation technique

Tècnica analítica consistent a utilitzar solucions de referència suficientment similars, quant a la composició quantitativa, a les solucions de les mostres a analitzar, de tal manera que les interferències en les solucions de referència i en les de la mostra puguin ésser considerades equivalents.

1726 **tècniques simultànies** *f pl*

es técnicas simultáneas
en simultaneous techniques

Dues o més tècniques analítiques que s'apliquen en la investigació d'una mostra d'una manera simultània, com ara la termogravimetria i l'anàlisi tèrmica diferencial.

1727 **temperatura d'injecció** *f*

es temperatura de inyección
en injection temperature

Temperatura en el punt d'injecció de la mostra que s'ha de sotmetre a cromatografia de gasos.

1728 **temperatura de retenció** *f*

es temperatura de retención
en retention temperature

Temperatura de la columna cromatogràfica a la qual s'elueix el màxim del pic cromatogràfic amb temperatura programada.

1729 **temperatura de separació** *f*

es temperatura de separación
en separation temperature

Temperatura corresponent a la temperatura del llit cromatogràfic.

1730 **temperatura termodinàmica** *f*

es temperatura termodinámica
en thermodynamic temperature

Temperatura absoluta, mesurada en una escala que té el zero a -273.15°C i les unitats, els graus kelvin, iguals als graus centígrads.

Nota: El seu símbol és T.

1731 **temps d'exposició** *m*

es tiempo de exposición
en exposure time

Temps durant el qual un material és il·luminat o irradiat.

1732 **temps de relaxació** *m*

es tiempo de relajación
en relaxation time

Temps que caracteritza el procés amb què un sistema retorna a l'equilibri després d'una excitació.

Nota: El seu símbol és τ.

1733 **temps de resposta** *m*

es tiempo de respuesta
en response time

Temps necessari perquè la lectura d'un detector assoleixi el valor estable o una fracció especificada d'aquest corresponent al mesurament realitzat.

1734 **temps de retenció** *m*

es tiempo de retención
en retention time

Temps necessari per a transportar un solut d'un extrem a l'altre d'una columna cromatogràfica.

1735 **temps de retenció ajustat** *m*

es tiempo de retención ajustado
en adjusted retention time

Temps de retenció d'un solut menys el temps que la fase mòbil necessita per a recórrer la columna cromatogràfica.

1736 **temps de retenció corregit** *m*

es tiempo de retención corregido
en corrected retention time

Temps de retenció total multiplicat pel factor de correcció del gradient de pressió.

1737 **temps de trànsit** *m*

es tiempo de tránsito
en transit time

Temps que una substància necessita per a passar a través del volum d'observació en una espectrometria d'absorció atòmica de flama.

1738 **temps de vol** *m*

es tiempo de vuelo
en time of flight

Temps que triga un ió accelerat a travessar la regió lliure de camps d'un espectròmetre de masses de temps de vol, el mesurament del qual permet d'avaluar el quocient massa-càrrega característic d'aquest ió.

1739 **temps pràctic de resposta** *m*

es tiempo práctico de respuesta
en practical response time

Interval de temps que transcorre entre l'instant en què un elèctrode selectiu d'ions i un elèctrode de referència són posats en contacte amb la solució a mesurar i el primer instant en què el potencial de la cel·la esdevé igual al valor del seu estat estacionari dins d'una incertesa de ± 1 mV.

1740 **tensametria** *f*
veg. **mesurament d'admitància no faradaica**

1741 **tensió** *f*
sin. **diferència de potencial**

1742 **terbolesa** *f*

es turbidez
en turbidity

Qualitat d'un fluid que té en suspensió partícules d'una substància estranya que li lleven la transparència.

1743 **termistor** *m*

es termistor
en thermistor

Dispositiu la resistència elèctrica del qual canvia notablement amb la temperatura.

1744 **termobalança** *f*

es termobalanza
en thermobalance

Aparell consistent en una balança monoplat de precisió dotada d'un sistema per a l'escalfament de la mostra que es pesa i que porta acoblat un enregistrador que permet la representació de la variació del pes de la mostra amb la temperatura.

1745 **termogravimetria** *f*
sin. compl. **anàlisi termogravimètrica**
sigla **TG**

es análisis termogravimétrico, termogravimetría
en thermogravimetric analysis, thermogravimetry

Tècnica analítica per a determinar la variació de la massa d'una mostra en funció de la temperatura mentre la mostra és sotmesa a un programa controlat de variació de temperatura, i per a estudiar algunes reaccions de descomposició tèrmica de la substància a analitzar.

Nota: El terme *anàlisi termogravimètrica* no és recomanat per la IUPAC.

1746 **termogravimetria derivada** *f*
sin. compl. **anàlisi termogravimètrica derivada**

es análisis termogravimétrico derivado, termogravimetría derivada
en derivative thermogravimetric analysis, derivative thermogravimetry

Termogravimetria consistent a enregistrar la primera derivada de la corba termogravimètrica respecte al temps o a la temperatura.

Nota: El terme *anàlisi termogravimètrica derivada* no és recomanat per la IUPAC.

1747 **termogravimetria isobàrica** *f*
sin. compl. **anàlisi termogravimètrica isobàrica**

es análisis termogravimétrico isobárico, termogravimetría isobárica
en isobaric thermogravimetry, isobaric thermogravimetric analysis

Termogravimetria consistent a mesurar la variació de la massa d'una substància en funció de la temperatura a una pressió constant.

Nota: El terme *anàlisi termogravimètrica isobàrica* no és recomanat per la IUPAC.

1748 **termogravimetria isotèrmica** *f*
sin. compl. **anàlisi termogravimètrica isotèrmica**

es análisis termogravimétrico isotérmico, termogravimetría isotérmica
en isothermal thermogravimetric analysis, isothermal thermogravimetry

Termogravimetria consistent a mesurar la variació amb el temps de la massa d'una mostra escalfada a una temperatura determinada i mantinguda a temperatura constant.

Nota: El terme *anàlisi termogravimètrica isotèrmica* no és recomanat per la IUPAC.

1749 **termòmetre** *m*

es termómetro
en thermometer

Instrument per a mesurar temperatures, principalment per mitjà de la dilatació d'un líquid o d'un gas continguts en un dipòsit, que s'introdueix en el medi que es vol mesurar o s'hi posa en contacte.

1750 **termoparell** *m*
veg. **parell termoelèctric**

1751 **termòstat** *m*

es termostato
en thermostat

Aparell per a regular i mantenir constant la temperatura a l'interior d'un recinte.

1752 **terra de diatomees** *f*
sin. compl. **kieselgur**

es kieselgur, tierra de diatomeas
en diatomaceous earth, kieselguhr

Dipòsit terrós calcari format per l'acumulació de closques de diatomees, que s'utilitza com a suport sòlid en cromatografia de gasos.

1753 **TG** *f*
veg. **termogravimetria**

es TG
en TG

1754 **tipus primari** *m*
veg. **substància patró primària**

1755 **tipus secundari** *m*
veg. **substància patró secundària**

1756 **títol** *m*

es título
en titer, titre

Força d'una solució valorant expressada normalment en el pes de la substància valorada que correspon a la unitat de volum de la solució valorant.

1757 **titulació** *f*
veg. **valoració**

1758 **titulometria** *f*
veg. **anàlisi titulomètrica**

1759 **TLC** *f*
veg. **cromatografia de capa prima**

es TLC
en TLC

1760 **torre de dessecació** *f*

es torre de desecación
en desiccation tower

Recipient cilíndric, amb peu, amb una tubuladura prop de la base i una altra en la part alta, que conté un agent dessecant, i que s'utilitza per a l'assecatge, l'absorció, etc., de gasos.

1761 **torxa de plasma** *f*

es soplete de plasma
en plasma torch

Instrument productor d'un plasma d'alta temperatura per a l'atomització i l'excitació de la mostra en anàlisi espectral.

1762 **traça** *f*

es traza
en trace

Constituent d'una mostra que hi és contingut en una proporció inferior al 0,01%.

1763 **trampa** *f*

es trampa
en trap

Peça, estri o muntatge que serveix per a retenir sòlids o líquids al llarg d'una conducció.

1764 **transformada de Fourier** *f*

es transformada de Fourier
en Fourier transform

Operació matemàtica, freqüentment utilitzada en espectroscòpia, mitjançant la qual una funció expressada en termes d'una variable pot ésser relacionada amb una funció d'una variable diferent.

1765 **transició electrònica** *f*

es transición electrónica
en electronic transition

Transició d'un electró d'un nivell d'energia a un altre.

1766 **transició rotacional** *f*

es transición rotacional
en rotational transition

Transició que es produeix quan una molècula modifica la seva energia rotacional.

1767 **transició vibracional** *f*

es transición vibracional
en vibrational transition

Transició que es produeix quan una molècula canvia la seva energia vibracional.

1768 **transistor d'efecte de camp** *m*
sigla **FET**

es transistor de efecto de campo
en field effect transistor

Transistor unipolar en què la conducció a través del canal és modulada per un camp elèctric transversal aplicat a un elèctrode.

1769 **transmitància** *f*
sin. compl. **factor de transmissió**

es factor de transmisión, transmitancia
en transmission factor, transmittance

Mesura de la capacitat d'una substància per a transmetre la radiació electromagnètica, expressada com la relació entre el flux de radiació transmesa i el flux de radiació incident.

1770 **transmitància interna** *f*
sin. compl. **factor de transmissió interna**

es factor de transmisión interna, transmitancia interna
en internal transmission factor, internal transmittance

Relació entre el flux energètic radiant transmès per una mostra i el flux energètic radiant transmès per un blanc en una cel·la equivalent.

1771 **tren** *m*

es tren
en set

Conjunt d'estris que s'utilitzen per a una mateixa operació analítica i que generalment són agrupats en sèrie.

1772 **trespeus** *m*

es trébede
en trivet

Suport consistent en un cèrcol amb tres peus, que s'utilitza principalment, juntament amb una reixeta, per a escalfar amb bec els atuells de laboratori, per a suport de recipients, etc.

1773 **triangle** *m*

es triángulo
en triangle

Suport en forma de triangle, de filferro trenat i embolcallat per uns tubs de material ceràmic, que s'utilitza principalment com a suport de gresols quan són sotmesos a l'acció directa del foc d'un bec.

1774 **trompa** *f*

es trompa
en jet pump

Aparell utilitzat per a aspirar un fluid i, generalment, per a practicar el buit mitjançant la depressió produïda per un altre fluid, com ara aigua o mercuri, que circula a alta velocitat.

1775 **trompa d'aigua** *f*

es trompa de agua
en water-jet pump

Tub de vidre amb una derivació per a connectar-hi recipients, a l'interior del qual hi ha una peça en forma d'embut d'on surt l'aigua a gran velocitat, amb la qual cosa l'aire del recipient connectat és aspirat cap a l'exterior.

1776 **truncament rectangular** *m*

es truncamiento rectangular
en boxcar truncation

Procés pel qual s'utilitza l'interferograma complet fins a un límit predeterminat, i es rebutja tot allò que és fora d'aquest límit en espectroscòpia infraroja de transformada de Fourier.

1777 **tub** *m*

es tubo
en pipe, tube

Cilindre buit més llarg que ample, de vidre, de metall, de plàstic, etc., que s'utilitza per a conduir gasos o líquids o per a altres usos.

1778 **tub capil·lar** *m*

es tubo capilar
en capillary tube

Tub de diàmetre intern molt petit, de l'ordre del mil·límetre o menys, que presenta fenòmens de capil·laritat.

1779 **tub d'assaig** *m*

es tubo de ensayo
en test tube

Tub de vidre tancat per un extrem, de fons rodó, de dimensions molt diverses, que principalment s'utilitza en el laboratori com a recipient i vas de reacció a petita escala.

1780 **tub de centrifugadora** *m*

es tubo de centrífuga
en centrifuge tube

Tub d'assaig, no gaire llarg, de parets gruixudes, que s'utilitza per a contenir els líquids que han d'ésser sotmesos a centrifugació.

1781 **tub de clorur de calci** *m*

es tubo de cloruro de calcio
en calcium chloride cylinder

Tub de vidre que, a través d'un bulb continua en un altre tub de diàmetre més petit, el qual, emplenat de clorur de calci o de cotó hidròfil i fixat a un flascó o a un aparell, protegeix els materials que aquests contenen de la humitat exterior.

1782 **tub de combustió** *m*

es tubo de combustión
en combustion tube

Tub de vidre o de material ceràmic que suporta les navetes i altres tipus de gresols per a ésser introduïts en els forns de combustió.

1783 **tub de dessecació** *m*

es tubo de desecación
en desiccation tube

Tub que pot ésser de formes diverses i que s'utilitza per a contenir un agent absorbent, principalment un agent dessecant.

1784 **tub de filtració** *m*

es tubo de filtración
en filtration tube

Tub d'assaig amb una tubuladura prop de la boca, que s'utilitza com a flascó col·lector del filtrat en una filtració.

1785 **tub de seguretat** *m*

es tubo de seguridad
en safety tube

Tub corbat en la seva part mitjana, a la manera de tanca hidràulica, amb un bulb o més, que s'utilitza generalment com a vàlvula hidràulica.

1786 **tub en U** *m*

es tubo en U
en U-tube

Tub de dessecació que, intercalat en una conducció de gasos i emplenat d'un agent químic adient, s'utilitza per a l'assecatge, l'absorció selectiva, etc., de les mescles gasoses.

1787 **tub fotomultiplicador** *m*
veg. **fotomultiplicador**

1788 **turbidímetre** *m*

es turbidímetro
en turbidimeter

Colorímetre visual o fotoelèctric per a mesurar la relació que hi ha entre la radiació que passa en línia recta a través d'una mostra d'una solució tèrbola i la radiació incident.

1789 **turbidimetria** *f*

es turbidimetría
en turbidimetry

Tècnica d'anàlisi quantitativa per a mesurar el canvi d'intensitat del feix de llum transmès, produït per la terbolesa de la solució deguda a la presència de sòlids o col·loides en suspensió.

1790 **turbiditat** *f*

es turbidez
en turbidity

Mesura de la terbolesa d'una suspensió a partir de la relació entre la seva transmitància i la del solvent.

1791 **ultracentrifugadora** *f*

es ultracentrífuga
en ultracentrifuge

Centrifugadora de gran velocitat de rotació, utilitzada principalment per a determinar pesos moleculars grans.

1792 **ultramicroanàlisi** *f*

es ultramicroanálisis
en ultramicroanalysis

Anàlisi d'una mostra la massa de la qual no excedeix de 10^{-4} g.

1793 **ultramicrobalança** *f*

es ultramicrobalanza
en ultramicrobalance

Balança de sensibilitat inferior al microgram, de càrrega màxima d'uns 20 mg.

1794 **ultramicrotraça** *f*
veg. **ultratraça**

1795 **ultratraça** *f*
sin. compl. **ultramicrotraça**

es ultramicrotraza, ultratraza
en ultramicrotrace, ultratrace

Traça que s'analitza en una mostra de magnitud micro, és a dir, a concentracions per sota de 0,01% en mostres de menys de 0,1 mg.

1796 **ultraviolat** *m*

es ultravioleta
en ultraviolet

Regió de l'espectre electromagnètic que comprèn l'interval que va des de la radiació visible fins a la regió dels raigs X.

1797 **ultraviolat de buit** *m*
veg. **ultraviolat llunyà**

1798 **ultraviolat llunyà** *m*
sin. compl. **ultraviolat de buit**

es ultravioleta de vacío, ultravioleta lejano
en far ultraviolet, vacuum ultraviolet

Regió de la radiació ultraviolada de longituds d'ona entre 10 i 200 μm.

1799 **ultraviolat proper** *m*

es ultravioleta próximo
en near ultraviolet

Regió de la radiació ultraviolada de longituds d'ona entre 200 i 380 μm.

V

1800 **vacuòmetre** *m*

es vacuómetro
en vacuum gauge

Manòmetre especial per a mesurar la pressió dels recintes closos sotmesos a buit o rarefacció.

1801 **valor d'una divisió** *m*

es valor de una división
en value of a division

Recíproca de la sensibilitat d'una balança de precisió expressada en unitats de pes per divisió d'escala.

1802 **valor mesurat** *m*

es valor medido
en measured value

Valor observat del pes, del volum o de tota altra propietat d'un material analitzat mitjançant una lectura instrumental.

1803 **valor mitjà** *m*
veg. **mitjana aritmètica**

1804 **valor R_B** *m*

es valor R_B
en R_B value

Relació entre la distància recorreguda per una zona i la recorreguda simultàniament per un compost de referència B en una anàlisi cromatogràfica.

1805 **valor R_f** *m*

es valor R_f
en R_f value

Relació entre la distància recorreguda pel centre d'una zona i la recorreguda simultàniament per la fase mòbil en una anàlisi cromatogràfica.

1806 **valoració** *f*
sin. compl. **titulació**

es titulación, valoración
en titration

Procés per a determinar la concentració d'una substància que és en solució, mitjançant l'addició de la solució d'un agent valorant que reacciona amb aquella fins a arribar al punt final, i que és indicat usualment pel viratge d'un indicador.

1807 **valoració àcid-base** *f*
veg. **valoració acidobàsica**

1808 **valoració acidimètrica** *f*

es valoración acidimétrica
en acidimetric titration

Valoració acidobàsica consistent a determinar una base amb una solució patró d'un àcid.

1809 **valoració acidobàsica** *f*
sin. compl. **valoració àcid-base**

es valoración ácido-base
en acid-base titration

Valoració que implica la transferència de protons d'una de les espècies reaccionants a l'altra.

1810 **valoració alcalimètrica** *f*

es valoración alcalimétrica
en alkalimetric titration

Valoració acidobàsica consistent a determinar un àcid amb una solució patró d'una base.

1811 **valoració amperomètrica** *f*
sin. compl. **valoració amperomètrica amb un elèctrode indicador**

es valoración amperométrica, valoración amperométrica con un electrodo indicador
en amperometric titration, amperometric titration with one indicator electrode

Valoració consistent a determinar el punt final pel canvi de pendent de la corba que representa la variació del corrent de difusió polarogràfic, a potencial aplicat constant, en funció del volum de solució valorant afegit.

1812 **valoració amperomètrica amb dos elèctrodes indicadors** *f*
sin. compl. **valoració biamperomètrica**

es valoración amperométrica con dos electrodos indicadores, valoración biamperométrica
en amperometric titration with two indicator electrodes, biamperometric titration

Valoració consistent a determinar el punt final pel canvi sobtat en el corrent que circula entre dos elèctrodes indicadors immersos en la mateixa solució mentre es manté una diferència petita però constant del potencial entre ambdós.

Nota: El terme *valoració biamperomètrica* no és recomanat per la IUPAC.

1813 **valoració amperomètrica amb un elèctrode indicador** *f*
veg. **valoració amperomètrica**

1814 **valoració argentimètrica** *f*

es valoración argentométrica
en argentimetric titration

Valoració de precipitació que es duu a terme amb una solució valorant estàndard de nitrat de plata.

1815 **valoració biamperomètrica** *f*
veg. **valoració amperomètrica amb dos elèctrodes indicadors**

1816 **valoració bipotenciomètrica** *f*
veg. **valoració potenciomètrica de corrent controlat amb dos elèctrodes indicadors**

1817 **valoració complexomètrica** *f*

es valoración complejométrica
en complexometric titration

Valoració consistent a formar un complex soluble per reacció entre un ió metàl·lic, generalment l'analit, i un agent complexant contingut en la solució valorant, com ara l'àcid etilendiaminotetracètic.

1818 **valoració conductomètrica** *f*

es valoración conductométrica
en conductometric titration

Valoració consistent a determinar el punt final conductomètricament pel canvi de pendent que hi sofreix la corba que representa la variació de la conductivitat de la solució que es valora, en funció del volum afegit de solució valorant.

1819 **valoració conductomètrica d'alta freqüència** *f*

es valoración conductométrica de alta frecuencia
en high-frequency conductometric titration

Valoració consistent a determinar el punt final pels canvis en la conductància, mesurada a alta freqüència, i l'admitància o la susceptància de la solució que es valora.

1820 **valoració coulombimètrica** *f*

es valoración coulombimétrica
en coulometric titration

Valoració en què l'agent valorant és generat per electròlisi en el medi reaccionant o al seu exterior i la quantitat d'electricitat consumida per produir el valorant necessari és determinada a partir del mesurament del temps escolat fins a arribar al punt final, punt que és indicat per un indicador.

1821 **valoració d'oxidació-reducció** *f*
sin. compl. **valoració redox**

es valoración de oxidación-reducción, valoración redox
en oxidation-reduction titration, redox titration

Valoració que consisteix en la transferència d'un o més electrons d'un reductor a un oxidant, en la qual un n'és la solució a analitzar i l'altre, la solució valorant.

1822 **valoració de control** *f*

es valoración de control
en control titration

Valoració d'una quantitat coneguda de substància amb una solució patró per a determinar l'efecte dels factors variables i de les substàncies estranyes sobre l'exactitud de la valoració.

1823 **valoració dielectromètrica** *f*

es valoración dielectrométrica
en dielectrometric titration

Valoració consistent a determinar el punt final pel canvi brusc en el pendent de la corba que representa la variació de la permitivitat relativa de la solució en funció del volum afegit de solució valorant.

1824 **valoració directa** *f*

es valoración directa
en direct titration

Valoració consistent a analitzar la substància que reacciona amb el reactiu valorant addicionat.

1825 **valoració en medi no aquós** *f*

es valoración en medio no acuoso
en non-aqueous titration

Valoració acidobàsica o d'un altre tipus en què el solvent no és l'aigua, sinó, generalment, un compost orgànic pur o una mescla de composts orgànics, impurificats amb concentracions mínimes d'aigua inferiors al 0,5%.

1826 **valoració en presència de fases** *f*

es valoración en presencia de fases, valoración por fases
en phase titration

Valoració en què la substància que es determina és en un sistema de dues fases, i en què el sistema es torna monofàsic en la proximitat del punt d'equivalència o en aquest punt mateix.

1827 **valoració entàlpica** *f*
veg. **valoració termomètrica**

1828 **valoració espectrofotomètrica** *f*
sin. compl. **valoració fotomètrica**

es valoración espectrofotométrica, valoración fotométrica
en photometric titration, spectrophotometric titration

Valoració consistent a determinar el punt final fotomètricament, a partir del canvi de pendent que hi sofreix el gràfic de l'absorbància de la solució a analitzar, a una longitud d'ona fixada, i en funció del volum afegit de solució de valorant.

Nota: La valoració espectrofotomètrica

és possible sempre que l'analit, el valorant i el producte de la reacció tenen absortivitats molars prou diferents.

1829 **valoració fotomètrica** *f*
veg. **valoració espectrofotomètrica**

1830 **valoració indirecta** *f*

es valoración indirecta
en indirect titration

Valoració consistent a analitzar la substància que indirectament, mitjançant una reacció estequiomètrica, reacciona amb una altra espècie valorable i no directament amb el reactiu valorant addicionat.

1831 **valoració per desplaçament** *f*

es valoración por desplazamiento
en displacement titration

Valoració indirecta en què el component que es determina desplaça una quantitat equivalent d'un altre component del compost que és valorat directament.

1832 **valoració per pesada** *f*

es valoración por pesada
en weight titration

Valoració consistent a determinar la quantitat de reactiu valorant a partir del pes de la solució patró necessària per a arribar al punt d'equivalència.

1833 **valoració per precipitació** *f*

es valoración por precipitación
en precipitation titration

Valoració consistent a determinar la substància que precipita amb el reactiu valorant durant el transcurs de la reacció.

1834 **valoració per retrocés** *f*

es valoración por retroceso
en back-titration

Valoració de l'excés de solució patró addicionada que no ha reaccionat amb la mostra.

1835 **valoració potenciomètrica** *f*

es valoración potenciométrica
en potentiometric titration

Valoració consistent a determinar el punt final potenciomètricament, a intensitat de corrent nul·la, pel salt brusc de potencial que en aquest punt es produeix en un elèctrode indicador apropiat, situat a la cel·la electroquímica que conté la solució que es valora.

1836 **valoració potenciomètrica de corrent controlat** *f*

es valoración potenciométrica de corriente controlada
en controlled-current potentiometric titration

Valoració potenciomètrica consistent a determinar el punt final a intensitat de corrent controlada, diferent de zero.

1837 **valoració potenciomètrica de corrent controlat amb dos elèctrodes indicadors** *f*
sin. compl. **valoració bipotenciomètrica**

es valoración bipotenciométrica, valoración potenciométrica de corriente controlada con dos electrodos indicadores
en bipotentiometric titration, controlled-current potentiometric titration with two indicator electrodes

Valoració potenciomètrica de corrent controlat en què el punt final es determina pel canvi en la diferència de potencial entre dos elèctrodes indicadors, un de reversible i un de resposta lenta, immersos en la mateixa solució.

Nota: El terme *valoració bipotenciomètrica* no és recomanat per la IUPAC.

1838 **valoració potenciomètrica derivada** *f*

es valoración potenciométrica derivada
en derivative potentiometric titration

Valoració potenciomètrica en què el punt final es reconeix pel màxim que presenta la corba de la primera derivada del potencial de l'elèctrode indicador respecte al volum de solució valorant quan es representa en funció del volum de solució valorant addicionat.

1839 **valoració potenciomètrica derivada segona** *f*

es valoración potenciométrica derivada segunda
en second derivative potentiometric titration

Valoració potenciomètrica en què el punt final es determina pel punt on s'anul·la la segona derivada del potencial de l'elèctrode indicador respecte al volum de solució valorant addicionat.

1840 **valoració potenciomètrica diferencial** *f*

es valoración potenciométrica diferencial
en differential potentiometric titration

Valoració potenciomètrica consistent a mesurar la diferència de potencial entre dos elèctrodes indicadors submergits en dues solucions connectades per un pont salí, una que és la solució que es valora i l'altra, la solució de referència constant.

1841 **valoració quelatomètrica** *f*

es valoración quelatométrica
en chelatometric titration

Valoració complexomètrica consistent a formar un quelat soluble.

1842 **valoració redox** *f*
veg. **valoració d'oxidació-reducció**

1843 **valoració termomètrica** *f*
sin. compl. **valoració entàlpica**

es valoración entálpica, valoración termométrica
en enthalpimetric titration, thermometric titration

Valoració en què el punt final ve donat pel cessament del despreniment o l'absorció de calor produïts per la reacció entre l'analit valorat i el reactiu valorant.

1844 **valoració turbidimètrica** *f*

es valoración turbidimétrica
en turbidimetric titration

Valoració de precipitació en què el punt final es determina per turbidimetria, i se situa en el moment de canvi de pendent de la corba que representa la turbiditat mesurada en funció del volum de valorant addicionat.

1845 **valorador** *m*

es valorador
en titrator

Aparell que duu a terme una valoració addicionant el reactiu valorant necessari i aplicant-hi el flux convenient continu o increments discrets fins a arribar al punt final.

1846 **valorant** *m*
veg. **solució valorant**

1847 **vàlvula** *f*

es válvula
en valve

Peça que, col·locada en una obertura de pas d'un líquid o d'un gas, tancant o obrint l'obertura, n'interromp o en permet el pas.

1848 **vaporització** *f*

es vaporización
en vaporization

Pas de l'estat líquid a l'estat de vapor.

1849 **vareta** *f*

es varilla
en rod

Vara petita de vidre, cilíndrica, de diverses llargàries, utilitzada principalment per a remenar, com a espàtula, etc.

1850 **vareta agitadora** *f*

es varilla agitadora
en stirring rod

Vareta acabada en formes diverses que, en ésser girada verticalment, provoca una agitació en el líquid on és submergida.

1851 **vareta policia** *f*

es varilla policía
en rubber policeman

Vareta de vidre proveïda en un extrem d'una peça de goma aixafada i que s'utilitza, en gravimetria, per a desprendre les partícules sòlides adherides a les superfícies de vidre.

1852 **variància** *f*

es varianza
en variance

Mesura de la dispersió d'una variable aleatòria respecte a la seva mitjana aritmètica, expressada pel quadrat de la desviació estàndard.

1853 **vas** *m*

es vaso
en beaker

Recipient de vidre, quars, acer inoxidable, níquel, etc., destinat a contenir-hi un líquid.

1854 **vas de Dewar** *m*

es vaso de Dewar
en Dewar beaker

Vas cilíndric de doble paret, amb la part exterior de cada paret metal·litzada i amb buit entre les parets, que s'utilitza com a recipient per a mantenir freds o calents gasos liquats i altres líquids.

1855 **vas de precipitats** *m*

es vaso de precipitados

Vas de vidre resistent al foc, més alt que ample, proveït de bec i sovint graduat.

1856 **veladura** *f*

es veladura
en fog

Ennegriment no intencionat d'una emulsió fotogràfica a causa del procés de revelatge, de l'envelliment de la placa, etc.

1857 **velocitat d'aspiració de líquid** *f*

es velocidad de aspiración de líquido
en rate of liquid aspiration

Volum consumit de líquid per unitat de temps en el cas de la seva aspiració amb un nebulitzador pneumàtic.

1858 **velocitat de consumpció de líquid** *f*

es velocidad de consumo de líquido
en rate of liquid consumption

Volum consumit de la mostra líquida per unitat de temps.

1859 **velocitat de nucleació** *f*

es velocidad de nucleación
en rate of nucleation

Nombre de nuclis formats en una unitat de temps per unitat de volum de fase líquida en la formació d'un precipitat.

1860 **velocitat intersticial** *f*

es velocidad intersticial
en interstitial velocity

Velocitat lineal de la fase mòbil en una columna reblerta, calculada com el valor mitjà dels valors obtinguts en tota la secció.

1861 **velocitat lineal de flux** *f*

es velocidad lineal de flujo
en nominal linear flow

Velocitat lineal de la fase mòbil en una part de la columna cromatogràfica que no conté rebliment.

1862 **velocitat mitjana intersticial del gas portador** *f*

es velocidad media intersticial del gas portador
en mean interstitial velocity of the carrier gas

Velocitat intersticial multiplicada pel factor de correcció del gradient de pressió del gas portador en cromatografia de gasos.

1863 **vernier** *m*
sin. compl. **nònius**

es nonio, vernier
en vernier

Aparell per a mesurar longituds amb precisió, format per dos regles graduats el més petit dels quals llisca al llarg de l'altre.

1864 **vidre de rellotge** *m*

es vidrio de reloj
en watch glass

Disc lleugerament còncau utilitzat

com a tapadora de vasos de precipitats i com a suport de substàncies en pesar-les, transportar-les, assecar-les, etc.

1865 **vidre sinteritzat** *m*

es vidrio sinterizado
en sinterized glass

Vidre de propietats filtrants que s'obté per sinterització de partícules de vidre de diferents porositats segons les mides inicials de les partícules.

1866 **VIS** *f*
veg. **radiació visible**

es VIS
en VIS

1867 **viscosímetre** *m*

es viscosímetro
en viscosimeter

Instrument per a mesurar el grau de viscositat o la fricció interna d'un líquid.

1868 **vitrina extractora** *f*

es vitrina extractora
en extracting glass cabinet

Moble consistent en una campana extractora de fums o de vapors sobre una cambra de parets de vidre gruixut, on es duen a terme des de l'exterior les experiències en què intervenen fums nocius.

1869 **volatilització** *f*

es volatilización
en volatilization

Conversió d'una substància química de l'estat sòlid o líquid a l'estat gasós per efecte de l'aplicació de calor o bé per efecte de reducció de pressió.

1870 **volatilitzador** *m*

es volatilizador
en volatilizer

Material addicionat a una mostra, en espectrometria d'absorció atòmica de flama, per tal d'augmentar-ne la volatilitat o la d'algun dels seus components.

1871 **voltamperometria** *f*

es voltamperometría
en voltammetry

Tècnica electroanalítica quantitativa i qualitativa que, per mitjà de les corbes intensitat-potencial obtingudes en l'electròlisi d'una dissolució realitzada en condicions determinades, s'utilitza per a identificar la natura d'alguna espècie química i determinar-ne la concentració.

1872 **voltamperometria amb elèctrode estacionari** *f*
veg. **cronoamperometria d'escombratge lineal del potencial**

1873 **voltamperometria d'escombratge lineal** *f*
veg. **cronoamperometria d'escombratge lineal del potencial**

1874 **voltamperometria d'ona triangular** *f*

es voltamperometría de onda triangular
en triangular-wave voltammetry

Voltamperometria en què el transport de massa cap a l'elèctrode indicador, de superfície no renovable, té lloc per difusió, i en què es varia el potencial de l'elèctrode primer creixent linealment en el temps i, després, decreixent simètricament.

1875 **voltamperometria d'ona triangular cíclica** *f*

es voltamperometría de onda triangular cíclica
en cyclic triangular-wave voltammetry

Voltamperometria d'ona triangular en què el transport de massa cap a l'elèctrode indicador s'origina per l'aplicació d'un potencial triangular cíclic sobre aquest elèctrode.

1876 **voltamperometria derivada** *f*

es voltamperometría derivada
en derivative voltammetry

Voltamperometria consistent a

mesurar la relació entre la derivada de la intensitat de corrent respecte al temps i el potencial de l'elèctrode indicador de superfície no renovable.

1877 **voltamperometria diferencial** *f*

es voltamperometría diferencial
en differential voltammetry

Voltamperometria consistent a mesurar la diferència entre els corrents que circulen a través de dos elèctrodes indicadors de superfícies no renovables i situats en dues solucions separades.

1878 **voltamperometria hidrodinàmica** *f*

es voltamperometría hidrodinámica
en hydrodynamic voltammetry

Voltamperometria consistent a aplicar un potencial variable amb el temps i en què el transport de massa cap a l'elèctrode indicador de superfície no renovable té lloc per convecció.

1879 **voltamperometria per redissolució** *f*

es voltamperometría por redisolución
en stripping voltammetry

Voltamperometria en què la substància que s'analitza és concentrada electroquímicament per deposició damunt de la superfície d'un elèctrode i, després, és redissolta, també electroquímicament, tot mesurant la quantitat d'electricitat necessària per a fer aquesta redissolució.

1880 **voltamperometria per redissolució anòdica** *f*

es voltamperometría de redisolución anódica
en anodic stripping voltammetry

Voltamperometria per redissolució en què la substància que s'analitza és concentrada per reducció damunt d'un càtode i després és redissolta desplaçant el potencial aplicat en sentit anòdic.

1881 **voltatge d'ionització** *m*

es voltaje de ionización
en ionizing voltage

Diferència de potencial amb la qual s'han d'accelerar els electrons per tal de provocar una ionització per impacte d'electrons en espectrometria de masses.

1882 **volum d'elució del pic** *m*

es volumen de elución
en elution volume

Volum d'eluent que passa per la columna cromatogràfica entre l'inici de l'elució i la sortida del màxim del pic cromatogràfic en cromatografia líquida.

1883 **volum de la columna** *m*
sin. compl. **volum del llit**

es volumen de la columna
en bed volume, column volume

Volum total de la part de la columna cromatogràfica buida que conté el rebliment.

1884 **volum de la fase estacionària** *m*

es volumen de la fase estacionaria
en stationary phase volume

Volum de la fase estacionària líquida, del sòlid actiu o del gel que conté la columna cromatogràfica.

Nota: El seu símbol és V_S.

1885 **volum de líquid** *m*

es volumen de líquido
en liquid volume

Volum de la columna cromatogràfica ocupat per la fase líquida.

Nota: El seu símbol és V_L.

1886 **volum de retenció** *m*

es volumen de retención
en retention volume

Volum de la fase mòbil necessari per a transportar el solut d'un extrem a l'altre de la columna cromatogràfica en una anàlisi cromatogràfica.

1887 **volum de retenció ajustat** *m*

es volumen de retención ajustado
en adjusted retention volume

Volum de retenció total menys el volum de retenció d'un compost no retingut.

Nota: El seu símbol és V_R.

1888 **volum de retenció corregit** *m*

es volumen de retención corregido
en corrected retention volume

Volum de retenció total multiplicat pel factor de correcció del gradient de pressió.

Nota: El seu símbol és V_R^0.

1889 **volum de retenció d'un compost inert** *m*

es volumen de retención de un compuesto inerte
en mobile phase hold-up volume

Volum d'eluent necessari per a eluir un compost la concentració del qual és negligible en la fase estacionària si es compara amb la concentració en la fase mòbil.

Nota: El seu símbol és V_M.

1890 **volum de retenció específic** *m*

es volumen de retención específico
en specific retention volume

Volum de retenció net per gram de fase estacionària líquida, de sòlid actiu o de gel lliure de solvent a 0°C.

1891 **volum de retenció net** *m*

es volumen de retención neto
en net retention volume

Volum de retenció ajustat multiplicat pel factor de correcció del gradient de pressió.

1892 **volum de retenció teòric** *m*

es volumen de retención teórico
en theoretical retention volume

Volum de retenció que s'obté a partir d'un cromatògraf ideal on els volums de l'injector i del detector són nuls.

1893 **volum de retenció total** *m*

es volumen de retención total
en total retention volume

Volum d'eluent que passa per la columna cromatogràfica entre la injecció de la mostra i la sortida del màxim del pic cromatogràfic d'un compost donat.

1894 **volum de sòlid** *m*

es volumen de sólido
en solid volume

Volum de la columna cromatogràfica ocupat pel suport sòlid o pel sòlid actiu.

1895 **volum del llit** *m*
veg. **volum de la columna**

1896 **volum indicat** *m*
sin. compl. **volum nominal**

es volumen indicado, volumen nominal
en designated volume, nominal volume

Volum de solució que conté o que lliura el material volumètric de vidre a la temperatura a la qual ha estat calibrat, generalment de 20°C, en anàlisi titulomètrica.

1897 **volum intersticial** *m*

es volumen intersticial
en interstitial volume

Volum que ocupa la fase mòbil en la columna reblerta.

1898 **volum mort** *m*

es volumen muerto
en dead volume

Volum entre el punt efectiu d'injecció i l'efectiu de detecció menys el volum de la columna cromatogràfica.

1899 **volum nominal** *m*
veg. **volum indicat**

1900 **volumetria** *f*
veg. **anàlisi titulomètrica**

1901 **xarxa cristal·lina** *f*

es red cristalina
en crystal reticle

Ordenació regular de punts en l'espai en un cristall.

1902 **xarxa de difracció** *f*

es red de difracción
en diffraction grating

Superfície transparent o reflectora on són graduades un seguit d'estries rectilínies, idèntiques, paral·leles i equidistants, i que s'utilitza, generalment, com a sistema dispersor de radiació policromàtica.

1903 **xarxa de fotodíodes** *f*
sin. compl. **matriu de fotodíodes**

es matriz de fotodiodos, red de fotodiodos
en photodiode array

Sistema de díodes semiconductors per a mesurar simultàniament la intensitat dels feixos de radiació de les diverses longituds d'ona en què ha estat dispersada la radiació utilitzada en un espectrofotòmetre.

1904 **xeringa** *f*

es jeringa
en syringe

Instrument consistent en un tub acabat en un canonet prim, dins el qual es pot accionar un èmbol que permet d'omplir el tub per aspiració i impel·lir-ne el contingut, manualment o per un mecanisme que fa desplaçar l'èmbol micromètricament, i que s'utilitza principalment com a pipeta o bureta.

1905 **xifra significativa** *f*

es cifra significativa
en significant figure

Xifra que en l'expressió d'una

quantitat mesurada té una significació física real, la qual depèn del grau d'exactitud del mesurament.

1906 **XRFA** *f*
veg. **anàlisi de fluorescència de raigs X**

es XRFA
en XRFA

1907 **XRFS** *f*
veg. **espectrometria de fluorescència de raigs X**

es XRFS
en XRFS

1908 **XRPES** *f*
veg. **espectrometria fotoelectrònica de raigs X**

es XRPES
en XRPES

Z

1909 **zona** *f*

es zona
en zone

Part d'una columna cromatogràfica o d'una capa prima on es localitzen un o més components de la mostra quan se'n produeix la separació.

1910 **zona de combustió primària** *f*
sin. compl. **zona interna**

es zona de combustión primaria, zona interna
en inner zone, primary combustion zone

Zona de la flama, situada directament damunt del cremador, on té lloc la combustió.

1911 **zona de combustió secundària** *f*
sin. compl. **zona externa**

es zona externa, zona de combustión secundaria
en outer zone, secondary combustion zone

Zona de la vora de la flama on el gas escalfat entra en contacte amb l'atmosfera de l'entorn.

1912 **zona externa** *f*
veg. **zona de combustió secundària**

1913 **zona interconal** *f*

es zona interconal
en interconal zone

Zona en forma de con de l'interior de la flama, situada entre la zona de combustió primària i la de combustió secundària.

1914 **zona interna** *f*
veg. **zona de combustió primària**

1915 **zwitterió** *m*
sin. compl. **ió amfòter**
es ion anfótero, zwitterión
en amphoteric ion, zwitterion

Molècula que conté un grup àcid i un grup bàsic que, per transferència intramolecular d'un protó de l'un a l'altre, es presenten ionitzats simultàniament, un amb càrrega aniònica i l'altre amb càrrega catiònica.

ÍNDEX CASTELLÀ

A

E

F

G

S ▼

T

U ▼

V ▼

X
▼

Y
▼

Z
▼

ÍNDEX ANGLÈS

A

D

E

N

S

T ▼

U ▼

V ▼

Bibliografia

Obres especialitzades

BUDEVSKY, O. *Fonaments de l'anàlisi química.* Barcelona: Universitat de Barcelona, 1993. (Ciències experimentals i matemàtiques; 5)
ISBN 84-475-0477-8

BURRIEL MARTÍ, F. [et al.]. *Química analítica cualitativa.* 12a ed. Madrid: Paraninfo, 1985.
ISBN 84-283-1253-2

EWING, G.W. *Instrumental methods of chemical analysis.* 5th ed. [London]: McGraw-Hill, 1985.
ISBN 0-07-019857-8

FREIFELDER, F.D. *Técnicas de bioquímica y biología molecular.* Barcelona: Reverté, 1981. (Serie de biología fundamental; 3)
ISBN 84-291-1819-5

FREISER, H.; NANCOLLAS, G., ed. *Compendium of analytical nomenclature. Definitive rules 1987. IUPAC. Analytical Chemistry division.* 2nd ed. Oxford [etc]: Blackwell Scientific Publications, 1987.
ISBN 0-632-01907-7

GOLD, V. [et al]. *Compendium of chemical terminology: IUPAC recommendations.* Oxford [etc]: Blackwell Scientific Publications, 1992.
ISBN 0-632-01767-8

GRUPO DE CROMATOGRAFÍA Y TÉCNICAS AFINES. *Nomenclatura para cromatografía.* Madrid: Unión Internacional de Química Pura y Aplicada. División de Química Analítica, cop. 1995.
ISBN 84-605-2385-3

HARRIS, D.C. *Quantitative chemical analysis.* 2nd ed. New York: W.H. Freeman and Company, cop. 1982.
ISBN 0-7167-1347-0

KOLTHOFF, I. M. [et al.]. *Análisis químico cuantitativo.* 5a ed. Buenos Aires: Nigar, 1979.
ISBN 84-7359-042-2

PICKERING, W. F. *Química analítica moderna*. Barcelona: Reverté, 1980.
ISBN 84-291-7471-0

SKOOG, D.A.; LEARY, J.J. *Análisis instrumental*. 4a ed. Madrid [etc.]: McGraw-Hill, cop. 1994.
ISBN 84-481-0191-X

SKOOG, D.A.; WEST, D.M. *Análisis instrumental*. 2a ed. México: Interamericana, 1987.
ISBN 968-25-0858-4

SKOOG, D.A.; WEST, D.M. *Fundamentos de química analítica*. 2a ed. Barcelona: Reverté, 1983.
ISBN 84-291-7508-3

SKOOG, D.A.; WEST, D.M.; HOLLER, F.J. *Fundamentals of analytical chemistry*. 6th ed. [S.l.]: Saunders College Publishing, 1992.
ISBN 0-03-074922-0

UNIÓ INTERNACIONAL DE QUÍMICA PURA I APLICADA. DIVISIÓ DE QUÍMICA ANALÍTICA. *Compendi de nomenclatura de química analítica: regles definitives de 1977*. Barcelona: Institut d'Estudis Catalans, 1987. (Monografies de la Secció de Ciències; 4)
ISBN 84-7283-121-3

Obres terminològiques

A Concise dictionary of chemistry. Oxford: Oxford University Press, 1990. (Oxford reference)
ISBN 0-19-286110-7

ALEGRET SANROMÀ, S. *Diccionari de l'utillatge químic*. Barcelona: IEC, 1977. (Arxius de la Secció de Ciències; 57)
ISBN 84-7283-013-6

BARCELÓ, J.R. *Diccionario terminológico de química*. 2a ed., reimpr. Madrid: Alhambra, 1979.
ISBN 84-205-0521-8

BATLLORI, M. del M. [et al.]. *Vocabulari de química*. Barcelona: Universitat de Barcelona. Servei de Llengua Catalana, DL 1994.

BEIGBEDER ATIENZA, F. *Diccionario técnico: inglés-español, español-inglés = Technical dictionary: English-Spanish, Spanish-English*. Madrid: Díaz de Santos, cop. 1996.
ISBN 84-7978-221-8

COLLAZO, J. L. *Diccionario enciclopédico de términos técnicos inglés-español español-inglés*. New York [etc.]: McGraw-Hill, 1985. 3 v.
ISBN 0-07-079172-4

COLLOCOTT, T.C., dir. *Chambers diccionario científico y tecnológico: español, inglés, francés, alemán*. Barcelona: Omega, 1979. 2 v.
ISBN 84-282-0531-0

DORIAN, A.F. *Elsevier's dictionary of chemistry: including terms from biochemistry in English, French, Spanish, Italian and German*. Amsterdam [etc.]: Elsevier, 1983.
ISBN 0-444-42230-7

DUVAL, C.; DUVAL, R. *Dictionnaire de la chimie et de ses applications*. Paris: Technique et Documentation, DL 1978.
ISBN 2-85206-026-4

Enciclopedia Salvat de la ciencia y de la tecnología. Barcelona: Salvat, 1964-1967. 15 v.

GALIANA MINGOT, T. de. *Diccionario ilustrado de las ciencias*. Buenos Aires [etc.]: Larousse, 1987.
ISBN 2-03-450093-8

HAWLEY, G.G., ed. *Diccionario de química y de productos químicos: español-inglés, inglés-español*. Barcelona: Omega, 1985.
ISBN 84-282-0418-7

LAPEDES, D.N. *Diccionario de términos científicos y técnicos*. Barcelona [etc.]: Marcombo Boixareu, cop. 1981. 5 v.
ISBN 84-267-0417-4

LLINARES, A. *Vocabulari de física i química*. València: Generalitat Valenciana. Gabinet d'ús i ensenyament del valencià, 1986.
ISBN 84-7579-079-8

MALUDZINSKA, G., ed. *Dictionary of analytical chemistry: English, German, French, Polish, Russian*. Amsterdam [etc]: Elsevier, 1990.
ISBN 0-444-98729-0

PARAIRA, M. *Diccionari de química*. Barcelona: Institut de Ciències de la Informació (ICE-UPC), DL 1984.
ISBN 84-600-3433-X

The Penguin dictionary of physics. 2nd ed. London: Penguin Books, 1990. (Penguin reference)
ISBN 0-14-051236-5

REAL ACADEMIA DE CIENCIAS EXACTAS, FÍSICAS Y NATURALES. *Vocabulario científico y técnico*. 3a ed. Madrid: Espasa-Calpe, 1996.
ISBN 84-239-9407-4

TERMCAT, Centre de Terminologia; FUNDACIÓ BARCELONA. *Diccionari d'electromagnetisme*. Barcelona: Fundació Barcelona, 1992. (Diccionaris terminològics)
ISBN 84-88169-02-7

TOWNSHEND, A., ed. *Encyclopedia of analytical*. London [etc.]: Academic Press, 1995. 10 v.
ISBN 0-12-226700-1

UNION INTERNACIONAL DE QUÍMICA PURA Y APLICADA. DIVISIÓN DE QUÍMICA FÍSICA. *Manual de símbolos y terminología de magnitudes y unidades físico-químicas.* [S.l.]: Real Sociedad Española de Química, [1979].

Obres lexicogràfiques

Collins dictionary of the English language. 2nd ed. London; Glasgow: Collins, 1989.
ISBN 0-00-433134-6

ENCICLOPÈDIA CATALANA [ed.]. *Hiperdiccionari català-castellà-anglès en disc compacte. Guia de l'usuari.* Barcelona: Enciclopèdia Catalana, 1993. (Diccionaris de l'Enciclopèdia)
ISBN 84-7739-630-2

FABRA, P. *Diccionari general de la llengua catalana.* 20a ed. Barcelona: Edhasa, 1985.
ISBN 84-350-5000-9

Gran diccionari de la llengua catalana. Barcelona: Enciclopèdia Catalana, 1998. (Diccionaris de l'Enciclopèdia)
ISBN 84-412-2790-X

Gran Enciclopèdia Catalana. 2a ed. Barcelona: Enciclopèdia Catalana, 1986-1998. 26 v.
ISBN 84-85194-81-0

Gran enciclopedia Larousse. 2a ed. Barcelona: Planeta, 1988. 24 v.
ISBN 84-320-7370-9

INSTITUT D'ESTUDIS CATALANS: *Diccionari de la llengua catalana.* Barcelona; Palma de Mallorca; València: Edicions 3 i 4: Edicions 62: Moll: Enciclopèdia Catalana: Publicacions de l'Abadia de Montserrat, 1995.
ISBN 84-412-2477-3; 84-297-3981-5

The New Encyclopaedia Britannica. 15th ed. Chicago [etc.]: Encyclopaedia Britannica, cop. 1989. 32 v.
ISBN 0-85229-493-X

REAL ACADEMIA ESPAÑOLA. *Diccionario manual e ilustrado de la lengua española.* 4a ed. rev. Madrid: Espasa-Calpe, 1989.
ISBN 84-239-5978-3

VOX: diccionario general ilustrado de la lengua española. Barcelona: Biblograf, 1987.
ISBN 84-7153-147-X

Webster's third new international dictionary on the English language, unabridged. Springfield, Mass.: Merriam-Webster, cop. 1986.
ISBN 0-87779-201-1

Altres títols d'aquesta col·lecció:

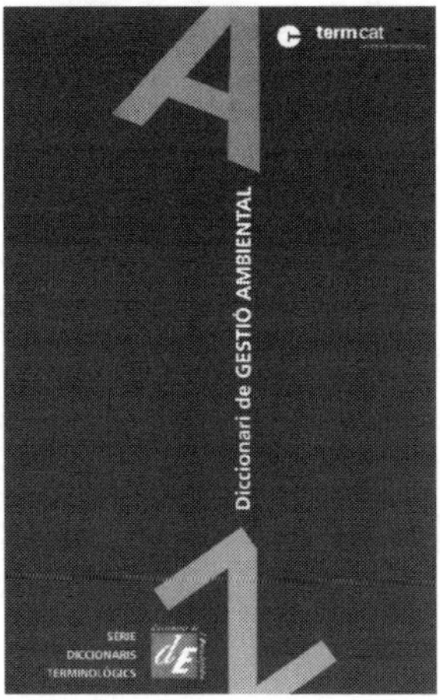

Diccionari de gestió ambiental
1.695 termes - 272 pàg.

Vocabulari de la neu
i dels esports d'hivern
2.264 termes - 300 pàg.

Diccionari de comunicació
empresarial
Publicitat, Relacions Públiques
i Màrqueting
2.484 termes - 306 pàg.